赵军 著

转念力

中国商业出版社

图书在版编目（CIP）数据

转念力 / 赵军著 . -- 北京 ： 中国商业出版社，
2024. 7. -- ISBN 978-7-5208-3009-6

Ⅰ . B848-49

中国国家版本馆 CIP 数据核字第 2024N1E934 号

责任编辑：葛　伟

中国商业出版社出版发行

（www.zgsycb.com 100053　北京广安门内报国寺 1 号）

总编室：010-63180647　编辑室：010-83128926

发行部：010-83120835/8286

新华书店经销

三河市众誉天成印务有限公司印刷

*

880 毫米 ×1230 毫米　32 开　6.5 印张　101 千字

2024 年 7 月第 1 版　2024 年 7 月第 1 次印刷

定价：58.00 元

* * * *

转念之间，人生翻盘

做人如山，望万物而容万物。

做人似水，能进退而知进退。

转念之间，人生翻盘。这样的例子不胜枚举。

在被自己创立的公司赶出去之后，乔布斯有可能一蹶不振，但他选择继续前进。后来，他重返苹果并带领公司取得了前所未有的成功。转念之间，乔布斯不仅改变了自己的人生，也影响了整个科技产业。

奥普拉·温弗瑞的童年生活充满了贫困和艰辛，但她从未放弃。在经历了一系列的挫折后，她意识到自己可以通过努力改变自己的命运。这一转念，让她走上了成为一位著名脱口秀主持人和慈善家的道路。

在经历了一段失败的婚姻和生活的困境后，J.K. 罗琳在火车上萌生了创作《哈利·波特》的想法。这一转念，不仅让她成为世界上最成功的作家之一，也让全球数百万读者沉浸在了魔法的世界。

在发明电灯之前，托马斯·爱迪生曾经历过无数次的失败。但他从未放弃，每次失败后都会重新思考并调整自己的方法。最终，他的转念和努力为人类带来了光明。

出生时就没有四肢的尼克，原本可能过着依赖他人的生活。但他选择了积极面对挑战，通过自己的努力成为一位励志演说家。他在转念之间，不仅改变了自己的人生轨迹，也激励了无数人。

这些例子无不向我们证明，一个人在转念之间作出的重要决定，往往能改变自己的人生轨迹。只不过，这些决定需要勇气、决心和行动力，但最终都带来了积极的改变和影响。

在今天这个不确定的时代，每个人都有自救的力量。但是，知道并接受这一点并不困难，困难的是真正做到。

然而，我们是真的无法做到还是不愿意去转变自己的思维，从而改变自己的行为模式?

在生活的旅途中，我们时常会面临这样的问题："你会一直住在这里吗？""你会一直从事这份工作吗？""你们会一直在一起吗？”

在过去，我们可能会毫不犹豫地给出肯定的回答。然而，随着心智的成熟和阅历的丰富，我们开始对生命的无常与因缘有了更深刻的理解，对于这样的问题，我们的回答也变得更加审慎和全面。

为什么呢？因为我们无法预知日常的需求会如何变化。或许有一天，因为个人或家庭的变故，我们会迁往新的居所，开始全新的生活。也许某种内心的召唤会引导我们改变工作的轨迹，或者缘分的尽头会让曾经的伴侣各奔东西。

人生的真相是复杂而多变的，其中，“无常”无疑是一个重要的方面。例如，在时光的流转中，万物和人事都不可避免地走向消亡，这种生命的动荡不安是我们必须面对的现实。如果我们能够接受这一生命的实相，那么我们也能够更加从容地应对日常生活中的每一次变迁和消融。

然而，大多数时候，对于我们普通人而言，很难接纳生命的无常和变化。这时，我们就会陷入无尽的烦恼和苦闷之中。最常见的就是抱怨命运的不公，想不通为什么自己总是处于无所依傍的境遇中，为什么生活总是不如我们所愿……这种抱怨和不满不仅无法改变现实，还会让我们的情绪陷入剧烈的波动之中。我们总是试图掌控生活，包括人、事、物的一切。然而，当事情超出我们的掌控范围时，我们的情绪就会瞬间发生巨大的震荡，从而使内心感到不安、不甘和恐惧，这种情绪的波动对我们的身心健康都会造成极大的影响。

于是，在现实生活中，我们总是花费大量的时间和精力去追求永恒和安定。当头发变白时，我们会竭力修护以重现黑发浓密；当身体发胖时，我们会通过各种方式控制饮食，积极健身以保持身材；当皮肤出现皱纹时，我们不惜重金和时间进行保养以期青春永驻。然而，当变迁和动荡真正来临时，我们却往往变得惶恐不安、焦躁抱怨，甚至无法接受事实。

我并不否认人们对永恒与安全的深切向往，这种追求稳定的美好愿望是人性的一部分。然而，我们也不得不承认，这种追求有时可能演变为一种虚妄的执念。这种执念在让我们的心灵变得固执的同时，也可能削弱我们面对挫折的韧性和应对变化的灵活性。

但你有没有发现，有些人却能够在不确定的生活中保持定力，他们将每一个日常都视为攀登生活高峰的挑战和愿景。他们明白，心念之力，能转人生。相由心生，境随心转。

当外部环境发生逆转时，不同的人会有不同的反应。有些人能够在经历短暂的过渡期后，依然坚定前行，他们的面容依旧柔和而谦逊；而有些人则可能陷入困境，仿佛掉入深渊，无法自拔，他们的面容也因此变得狰狞。这种巨大的差异仿佛是由外界因素造成的，但实际上，一切皆是思维的映射。

因此，我们可以观察到许多有趣的现象。伴侣离婚后，有的彼此怨恨，有的则形同陌路；当人们离开熟悉的环境，抵达新的地方时，有的人无法适应新的生活，也无法建立新的工作与人际关系；更糟糕的是，当权力或事业被剥夺时，有些人仿佛失去了生活的意义，即使勉强存活，生活也变得如一潭死水。

外部环境的影响是相对的，它既有可能推动命运走向更好的方向，也有可能促使其走向相反的一面。我们对待外部环境的心态和态度，其实都是我们内心的反映。当心念转变时，我们的心智和思维方式也会随之改变——人生总是充满了不确定性和幻想，然而，看清这一切并不是要看到生活的阴暗面，而是要让我们意识到，在人生这只起伏不定的船上，我们需要学会从容应对，顺其自然。面对人生中的变数，我们无须过分执着，而应学会灵活变通，换一种动态和变化的视角来看待我们的整个人生，人生的道路便会豁然开朗。

往深了说，世间所有看似坚固的东西，最终都会消失。只有变化和不确定性，在业力的驱动下不断循环，形成了自古以来的生命信息和能量。这股能量的走向，取决于你当前的行为以及对“转念”修炼的投入程度。生命在这种形态与意念之间不断延续和流动，构成了这个绚烂多彩的世界以及每个人独有的奇妙景象。为此，我们终其一生，皆需要完成“转念”的修炼，这不仅是为了让思维和生命的方向发生新的转变，更重要的是，它能够打破我执，使我们不再与外界为敌。通过这一过程，我们能够承认自身的业力，并看清某些真相。

生活就像寻找水源，若一处无果，不妨换个地方继续探索。每个人都有自己独特的才能和潜力，关键在于找到最适合自己的那片土地。当发现此路不通时，及时转念，调整策略，才能开辟新的人生境界。

无论你是正在经历困境的人，还是渴望实现自我成长的人，倘若有一天，你正执着于在某个地方挖掘时，都可以从现在开始，踏上本书的“转念之旅”，觉察自己的每一次起心动念，洞见问题本质，通过自省、自度、自修，重建信心，告别颓丧，收获高能量。

先转念，再转身，也许清泉就在转身之处等着你，抵达它，便能觅得人生的宽境与新的可能。

目 录

CONTENTS

CHAPTER 1

第一章

转念：“凡事发生皆有利于我”

在生活的长河中，时而风平浪静，时而波涛汹涌。当逆境与挫折来袭时，我们如何保持内心的平静，将每一个挑战转化为成长的助力？答案，或许就隐藏在“转念”的智慧之中——凡事发生皆有利于我。这不是一种逃避现实的自我安慰，而是一种积极的人生态度，一种面对困境时的自我赋能。

当我们学会了转念，就能将生活中的每一次遭遇，无论是顺境还是逆境，都视为成长的契机，从而更加从容地面对人生的起伏，获得内心的强大与成长。

转念力：想转运，先转念

常言道：“一念起，万水千山；一念灭，沧海桑田。”

英国诗人米尔顿在《失乐园》中也曾说过：“心是居其位，只在一念间；天堂变地狱，地狱变天堂。”

我们的每一个念头，都可能引发不同的结果。因果造化其实皆在你的起心动念之间。

深入研读过《易经》的人都知道：“凡事发生皆有利于我。”这句话并非自我安慰，也不是自欺欺人，更不是怂恿我们躺平。而是面对所有发生的事情，当我们开始转念真正通透的那一刻，会发现无论事情如何发展，其中都蕴含着对我们有利的因素。所有经历，无论好坏，都会成为我们成长的催化剂，推动我们成为一个更好的人。而这种善于调整自己的思维方式和观点的能力，我们可以称为“转念力”。这种说法并非空穴来风，无论是在中国古代哲学中还是在国外心理学中都能找到相关的理论依据。

国内外关于“转念力”的理论依据		
中国古代哲学思想	儒家	儒家思想强调“修身齐家治国平天下”，认为人应该通过修炼自己的内心来达到更高的境界。其中，“反求诸己”和“内省”的观点与转念力紧密相关。儒家认为，人应该通过内省来审视自己的思想和行为，当遇到问题时，不是向外界寻找原因，而是首先反思自己，调整自己的心态和思维方式。这种内省和反思的过程，实际上就是一种转念力的体现
	道家	道家思想中的“无为而治”和“顺应自然”也与转念力有关。道家认为，人应该顺应自然的规律，不要过于执着和强求。当遇到困境时，道家提倡转变思维方式，以更加顺应自然的态度去面对，从而达到化解困境的目的
	佛家	佛家思想中的“禅修”和“观照”更是培养转念力的有效方法。通过禅修和观照，人们可以更加深入地了解自己的内心，洞察事物的真相，从而在面对问题时能够迅速转变思维方式，以更加智慧和慈悲的态度去应对
国外心理学	认知重构理论	认知重构是指通过改变个体对问题的看法和解释，从而调整其情绪和行为反应的过程。认知重构被认为是心理治疗中的重要技术之一，可以帮助个体在面对挫折和困难时，更加积极、乐观地看待问题，增强自我控制力和适应能力。这种理论与转念力的概念有一定的相似之处，都强调个体在面对问题时能够积极主动地调整自己的思维方式，从而实现自我成长和提升
	心理韧性	心理韧性是指个体在面对逆境、挫折或创伤时，能够迅速恢复和适应的能力。研究表明，心理韧性强的人往往能够更好地应对生活中的挑战，保持积极的心态和情绪状态。而这种能力的形成也与个体在面对问题时能够积极主动地调整自己的思维方式密切相关

综合上述这些思想、理论及其应用，我们可以将转念力概括为：

转念力是指个体在面对困境、挫折或挑战时，能够积极主动地调整自己的思维方式，从而转变对问题的看法和态度，将不利因素转化为有利因素，进而实现自我成长和提升的能力。转念力不仅是一种心理能力，也是一种生活智慧和实践技能，对于个体的成长和发展具有重要意义。

境无好坏，唯心所造

现代量子力学理论也证明，人类作为万物之灵，其思想在有意识地观察前，都表现为能量波。我们所存在的宇宙是一个巨大的能量场，念力、念头都是有能量的。当你用正向的念力去看世界，反射给你的就是正向的能量。例如，遇到任何不好的事情时你想的是它都是有利于我的，比如错过的车、情感的裂痕等，而这可能都是在无形之中拯救你。

悟元子在他的《神室八法》中说道：“先天之气自虚无中来”，“至虚则无物不包，无物不容。”这也说明了人体与宇宙大气相互融合，增强了人体吸收养分的能力，促进了新陈代谢，最终转化为热能、电能，同时也调节了人体的平衡，甚至产生了治疗疾病和保健的显著效果；反之，就会影响最基本的身心健康甚至危及生命。

北京肿瘤研究所与中国科学院心理研究所的一项研究曾证实了念力对身体健康的影响。在调查中，81.2%的癌症患者在患病前曾受到不良意念的影响与打击，如工作学习压力大、夫妻感情不和、家庭成员重病重伤等因素，都可能成为致癌的危险因素；而“生着气吃饭”和“好生闷气”更被认为是胃癌发生的重要原因。此外，子宫颈癌与失望情绪、肺癌与情感释放受到压制、肝癌与性格暴躁、乳腺癌与低度焦虑等也有显著关联。想改变、想改善其实也没想象中难。正所谓转念即转运，转变命运往往就在一念之间。

一个人的念头一旦转变，所有负面的人、事、物都会渐行渐远。这时，你内在的能量振动频率会发生根本性的改变，吸引与你频率相符的正面事物。这就是“境随心转”。无形的力量控制着有形的事物，我们的思想影响着我们的身体，因此精神控制着行为。当无形的精神力量得到加强，有形的事物也就在我们的掌握之中。真正厉害的人都是极度专注的，他们不沉溺于过去，不纠结于执念，始终向前看，保持正心正念，时刻观察并调整自己的念头，一旦察觉到不妥，立即转变念头，念头变了，心境和处境自然随之改变。

在下面这些常见的职场场景中，我们或多或少都能找到自己的影子。

场景 1:

当你熬了几天通宵眼见项目结束，重见光明时，结果在提交的头天晚上被甲方告知临时有新的任务，普通人可能会感到疲惫和沮丧，首先冒出来的情绪是“我不干了”，拍桌子走人。如果此时转念，站在对方的角度琢磨一下，其实你可以更加耐心且积极地完成新的挑战。

场景 2:

当 A 和 B 打电话找 C 时，B 说了一通带情绪的话，结果 A 被情绪牵引，停留在狭窄的视野中，只考虑如何解决自己的情绪问题，无法客观公正地看待 B 的建议。A 必然会陷入短暂、局部的思维怪圈，此时的决策很可能对长远和整体利益造成损害。

场景 3:

团队合作一周完成的报告提交后被劈头盖脸地退回来。你很委屈、不悦，但你转念一想，发现问题主要出在自己身上，其实是自己有些懒惰和不负责任的想法。于是摒弃这些想法，带领团队重新努力了一周，提交了高质量的报告，得到了领导的认可。参与的团队成员也都非常激动，备受鼓舞。

我们在处理问题时，如果只从一个角度去考虑，可能会陷入狭隘和局限的思维定式。而具有转念力的人能够打破固有的思维模式，从不同的角度更全面、更深入地去看待问题，理解事物本质，从而更加乐观、自信地应对生活中的各种挑战，提升自己的适应能力和抗挫能力。

对于普通人来说，生活中的琐碎事务、人际关系、工作压力等都可能成为烦心事的来源。其实为我们所熟知的名人大家同样会遇到种种烦心事，尽管他们可能拥有不同的身份和地位，但面对内心的困扰和挑战时，同样需要学会转念来应对。

作家贾平凹曾经历过一段低谷时期。在那段时间里，他事业不顺，身体又复发了肝病，同时深陷离婚旋涡中。然而，即使在最灰暗的日子里，他也没有怨恨命运的不公，反而将苦难化作动力。历时 10 个月，他完成了小说《废都》的创作。

然而，尽管他倾注了心血，但书中直白的描写导致《废都》

出版后仅半年就被禁止销售，这对贾平凹来说是又一次沉重的打击。当一位法国翻译家表示愿意以 1 万美元购买小说的法国版权时，他毫不犹豫地接受了。然而，事后他才发现，合同中的 1 万美元实际上是 1 万法郎，相差了四五倍。

虽然感到愤怒和失望，但贾平凹转念一想："算了，法国人能看到我的作品，也是件好事。"短短几个月后，一条爆炸性的消息传回国内：《废都》赢得了法国文学大奖"费米娜文学奖"。这一消息让国内文坛重新评估了《废都》的文学价值，并最终予以肯定。

【转念心法】

贾平凹的经历让人不禁想起王阳明的一句话："人间道场，淤泥生莲，世间磨难，皆是砥砺切磋我也。"

人生中经历的种种好与坏，往往并不完全取决于外在的境遇，而是由我们的内心所塑造。每当我们面临困境或挑战时，学会转念，将负能量转化为正能量，显得尤为关键。

或许，你只需花费短短的一分钟来转变自己的心念，但这一分钟的转变，却可能带来截然不同的境遇。当我们选择不伤心气馁，不怨天尤人，而是专注于做好自己，好运往往会在不经意间降临。

古书《菜根谭》中有言：“苦乐无二境，迷悟非两心，只在一转念间耳。”这句话告诉我们，无论是苦境还是乐境，都源自于我们的心境；而迷茫与顿悟，其实也只是在一念之间。心念的转变能够影响我们的状态，状态的改变会带来行动的变化，行动的积累会形成习惯，而习惯的养成最终会改变我们的人生。

可见，一个人的心念，就像是掌控自己人生航向的舵手。

往后余生，想转运，先转念。心念好，百事从欢，一切皆好；心念正，顺颂时宜，万事皆顺。

转念力真相：转念究竟转的是什么

既知要转念，那么，转念究竟转的是什么？

我们通常把转念认为是转变对一件事物的看法，之所以这样说，是因为我们绝大部分人都无法分清事物本不存在，只有念头存在这样的说法。这样同时会产生一个副作用，就是我们总会揪着这个事不放，觉得这件事是真的，需要把自己对这件事的看法进行转变才可以。而当我们这样想的时候，就会产生很大的阻力，因为会被这件事的真实性困扰，从而忘记这个事情本身就不存在，只有我们对事件的看法存在。

比如，当我们说他伤害了我、我伤害了他、他欺骗了我、我欺骗了他等类似的话时，我们并没有在描述事实，只是在描述自己对事件的看法。今天和大家分享的思维方式，就是一种能够很好地去除阻碍的方式，同样也正是转念的真相。

转念转的到底是什么

我们转的并不是对一件事情的看法，而是对一个念头的看法。

也就是说，无论我们怎么认识这个世界，无论我们的世界里发生什么事情，只有我们对它的解释才是唯一存在的东西。而如果假设这个事情存在，我们要去转变这个解释的话，是很难的。因为一旦假设这个事情是真的，同时就默认了我们对这个事件的解释是真的。比如，他抛弃我了，他欺骗我了，如果我们认为这是真的，然后对这件事情进行转念，转那种被伤害的心态，是无法做到的，因为我们默认为真实的事情是他欺骗了我，当从这个出发点出发，想要去转念的时候，其中的阻力和困难就可想而知了。

我们用另一个思维方式来思考这件事情。我们真正要转的并不是把我觉得他伤害了我，转变成他没有伤害我，事实上我们唯一在转的是他伤害我这个念头是真的还是假的。

再举一个更好理解的例子，当我们想要去显化一件事情的时候，比如我们想换一个新手机，我们的初始念是认为自己没有，所以才想去换新手机的。所以我们认为自己没有这个念头是真的，拥有新手机这个念头是假。而我们在重复肯定自己的时候，就默认了自己在讲话的时候有一个原先的潜意识，需要我们通过不断重复肯定与去覆盖掉原先的潜意识。但其实我们唯一需要做的是转变对这两个念头的看法，也就是不再认同没有新手机这件事情是真的，转而去认同拥有新手机这个念头是真的，其本质跟事件无关，我们只需要针对这个念头就可以了。在显化的时候，我们需要转变的是对某个念头的感觉。

事实上，我们每个感觉的背后都有一个念头，没有任何感觉是无缘无故生出的。当我们转变对一个念头的感觉，就是在转变对其念头的看法，那么用同样的方法去感受我们想要显化的事情，唯一需要做的就是把对自己坚信不疑的念头的认同感，带入到拥有新愿望这个念头的认同感中，使之同样自然，同样真实。当我们去这样带入的时候，内在的转变是瞬间的，也就是不再假设有一个原先的潜意识需要我们不断地重复，肯定你去替换掉它，而是可以选择一步到位，直接植入。这个植入就是转变我们对新愿望念头的看法，并认它为真。这个时候转变的并不是对一个假设的外界的看法，而只是对自身念头的看法。这个转念也只有一种状态，就是或真或假。

从某种意义上来说，真假都是不存在的。但如果我们希望这个想法坍缩成一个现实，想让它出现在自己的实相中，那唯一需要改变的就是对这个念头是真还是假的看法。当我们越多地可以做到对自己想要的念头是真的时，这个转念就可以越快体验到想法，而当我们知道闲话只是念头的时候，就不会去实现，因为我们知道这一切也只是念头，所谓的物质世界并不存在，只是念头。

当我们转变自己对念头的看法时，世界也就随之而改变。

【转念心法】

我们唯一需要做的就是转变，对这个念头是真还是假的认定，大胆地去试验那些在生活中已经坚定不移被我们认为是真的念头，把同样的想法和感受带入到自己想显化的事物之中，让这种感受成为自然，显化也就自然地发生了。而当我们越理解这个世界是虚幻的、空无的，就越不会给自己设限，这也就是为什么越是大修行者，越有可能幻化出大的奇迹或各种不可思议事件的原因，就是因为他不认为有一个真实的外在世界存在，也没有大小强弱之分，一切都只是一念。

允许一切发生，才能遇见一切可能

江山易改，本性难移。改变一个人的性格和习惯是一个漫长而艰难的过程。学会转念不是要强迫自己不去想某件事，或违背本来的意愿去做不愿做的事。真正的转念是自然而然地发生，不被束缚、不被裹挟。但如果你暂时还做不到这一点，那么至少你可以不必纠结，尝试允许一切发生，让生命充满更多可能性。

真正的强者，允许一切发生

岁月匆匆，世界瞬息万变，唯有一点亘古不变：生活中，总有许多事情不尽如人意。

古人有诗云：人生不如意，十之八九。这或许正是人生常态，让我们在奔波中时常感到困扰与不安。然而，人生并非只有这一面。正是因为意识到个人的微不足道，我们才能更加从容地面对宇宙的广袤与生命的变幻莫测。正是因为领悟到快乐不能依赖外界，我们才能在不如意中找到内心的宁静与平和。

当你学会接纳世间万物的发展变化时，你便挣脱了尘世的枷锁，获得了真正的自由与力量，变得无比强大。

第一，允许自己不够幸运。

或许我们都曾渴望成为那个被命运偏爱的宠儿，如同少年贾宝玉，从出生起就沐浴在无尽的宠爱与关怀中。仿佛在这世间，没有他无法触及的珍宝，他的生活似乎应当如童话般完美无瑕。

然而，现实往往并非如此。

显赫的身份，并未为贾宝玉带去一世的安逸与自在。他与常人一样，有着丰富的情感与独立的思考，正因如此，即便头顶着混世魔王的称号，他也难以逃避人间的纷扰与忧愁。由此可见，绝对的幸运并不存在。每个人眼中的珍宝各不相同，你认为的苦涩，或许正是他人眼中的甘甜。学会接纳自己的不完美、不如意，甚至是那些看似糟糕的经历，反而能让我们更加从容地面对生活。

以史铁生为例，他在青春年华时遭遇了严重的疾病，导致双腿瘫痪。虽然他曾一度难以接受这样的命运，但当他最终选择接受并勇敢面对时，我们看到了一个杰出的作家史铁生的诞生。

对于命运而言，每个人的生活都充满了无数的可能性。真正的勇士，会勇敢地拥抱这些不确定性，无论是好是坏，都能坦然面对。

第二，允许朋友渐行渐远。

成长的我们，时常会怀念童年时的友情，其如同清澈的溪水，无欲无求，因此能够长久流淌；而成年后的友情，似乎总夹杂着各种复杂因素，让人不禁怀疑其中的真挚。

然而，事实并非如此绝对。

成年人的友情，虽然常伴随着各种利益交织，但也正因如此，我们更加珍视并精心维护这些关系。尽管其中掺杂着现实考量，但彼此间的紧密联系却是真实不虚的。

童年的友情，起源于纯真的心灵契合与共同兴趣。那份真挚无疑，但随着时间的流逝，我们的人生路径各不相同，即使仍保持着联系，也多是依靠着往昔的回忆和情感纽带。

因共同利益而聚首的人，关系日益紧密；而曾经的深厚情谊，在现实生活的冲刷下，可能逐渐淡化，最终我们走上了各自的人生道路。

洞察这些变迁后，我们不再困惑为何同学聚会上的面孔似乎带着些许陌生；不再不解为何昔日无话不谈的挚友如今却难以找到共同语言。

接纳这些变化后，我们不再对名利场中的匆匆过客感到惊讶或失落；也更能理性地看待自己在他人心中的位置。

允许朋友在我们的生活中渐行渐远，因为现实生活毕竟不是童话世界，而我们都是身处其中的普通人。

因此，减少抱怨、埋怨和失落之后，我们反而能感到一身轻松，在与人交往中，更能随遇而安，珍惜每一段缘分。

第三，允许日子偶尔不如意。

或许，你经过无数努力终于获得了高学历，也在高薪的岗位上稳定下来，但工作的压力时常让你感到喘不过气。

或许，你曾找到与你灵魂深度契合的伴侣，准备共度一生，但命运却安排了一个你并不心仪的人进入你的生活。

又或许，你生活无忧、经济充裕，平时也乐于助人，自认为没有亏欠任何人，但在无情的意外面前，你发现自己其实很渺小。

生活中总是隐藏着许多不如意的事。你会哭泣吗？会愤怒吗？会向老天寻求公平吗？但无论如何，该面对的挑战和困难一个都不会少。

与其试图完全掌控人生，不如学会接纳一切的发生。因为人生往往在我们的掌控之外。但当我们接纳了这些意外，我们就获得了随时调整方向、改变策略、转换心态的主动权。我们可以为自己选择新的道路，而不是被困在原地自怨自艾。

真正智慧的生活方式，是先接纳，再求变，而不是一味地抱怨“为什么会这样”。很多时候，困住我们的不是生活本身，而是我们的视角和态度。

就像苏轼，即使被贬到偏远的儋州，他也能发现生活中的美好。如果苏轼一味抱怨命运的不公，他可能无法活到被贬儋州的那一天。但他选择了接纳生活的不如意，因此在儋州，他发现了生蚝的美味，就像他在被贬黄州时发现了猪肉的美味一样。

生活的美，常常被隐藏在挫折和悲伤之后，需要我们用心去发现。我们要接纳一切的发生，然后带着欣赏美的眼光去探索、去发现，甚至去创造。

只有接纳一切的发生，我们才能遇见更多的可能性。生命是一场旅程，不必过于计较，也不要与自己过不去。抗拒一切，只会让我们失去对自己的掌控；敞开心扉，我们才能拥抱全世界。

【转念心法】

命运如同变幻莫测的海洋，生活中我们常常会有一种“怕什么来什么”的体验。这其实并非现实的捉弄，而是我们的心态在潜移默化中影响了事态的发展。当我们对某件事过于紧张、过度担忧不好的结果时，我们的潜意识往往会引导我们作出与这种担忧相符的选择。

要打破这种心理暗示的怪圈，关键在于允许事情按照它们本来的样子发展。就像让花朵自由绽放，让树木自然生长，我们也应该允许自己做真实的自己，允许他人做真实的他人。当我们学会允许一切自然发生时，才能遇见生活中无限的可能。

人们常说，人这一生，除了生死，其余的都只是擦伤罢了。

真正内心强大的人，懂得顺应自然，不强行抵抗，不无谓挣扎，接纳生活的每一个瞬间，努力改变可以改变的，对无法改变的事情则保持释然。当我们允许一切如实发生时，我们的心灵便能摆脱束缚，变得无所畏惧，真正从容自在地生活，这才是过好这一生的真谛。

逆向思维，此路不通就换条路走

允许一切发生并不是躺平，也并非任由遇见什么意外或是糟糕的情况都不去思考如何应对。例如，在前往目标的旅途中，你或许曾遭遇这样的情境：一路前行，就在触手可及的目标前，一块警示牌突然映入眼帘——“此路不通”。面对此景，你将如何抉择？

有些人选择义无反顾地继续前行，他们怀揣着坚定的信念，即使前方是南墙，也决心要去触碰。然而，这种固执往往只会让他们在原地打转，最终不得不黯然回首。

有些人则选择停下脚步，四处张望。他们既不甘心就此回头，又心存侥幸，希望前路能突然变得通畅。同时，他们也担忧其他道路同样艰难险阻。然而，这种犹豫不决往往使他们错失良机，徒留遗憾。

而另一些人，则会果断地转身，去寻找另一条通往目标的道路。他们可能会遭遇挫折，可能会再次面临“此路不通”的困境，但他们从不气馁，而是不断地尝试、探索，直至找到那条引领他们到达目的地的正确道路。这些人，是真正的勇士与智者，他们深谙变通的道理，始终坚信总有解决问题的办法。

在面对困境时，我们需要学会像这些智者一样转念，即转换思路，寻找新的可能性。因为在这个世界上，没有绝对的死路，只有尚未被发现的通达之路。

变则通，通则久——折一只船，将自己摆渡到对岸

有这样一个真实的例子。某地因工厂无节制地排放污水，导致多条河流受到严重污染，对下游居民的生活造成了不小的冲击。为了解决这一问题，环保部门和有关机构联手寻求解决方案。

他们曾考虑对违规排放的工厂实施罚款，但很快意识到这只是治标不治本的方法，因为即便支付了罚款，污水仍会继续流入河流。接着，有人提议强制工厂安装污水处理设备。然而，

在实际执行过程中，他们发现仍有污水偷排入河，部分工厂甚至采用隐蔽手段掩盖其排污行为。

在事件陷入僵局之际，当地部门采纳了心理学家德·波诺的独到见解：制定一项法律，规定工厂的水源输入口必须设在其污水输出口的下游。

这一策略初听起来似乎有违常理，但实施效果却出奇得好。它巧妙地利用了工厂自身的利益驱动，因为如果工厂排放的是污水，那么其从下游取用的也将是同样被污染的水。这就迫使工厂不得不采取措施净化其排放的污水。

正所谓变则通，通则久。无论是在生活中还是在工作中，尤其在面对棘手问题时，我们都需要不断调整思路和方法，根据形势判断，及时寻求突破，以迅速找到新的解决方案。

【转念心法】

世界在不断变化，我们的思维也应随之调整，以适应时代的步伐。

曾有一位被誉为掌握“移山大法”的大师，当众被请求展示其神技。大师在山前静坐片刻后，悠然走到山的另一侧，宣称表演结束。面对观众的困惑，大师淡然一笑，解释道："世间并无真正的移山大法，唯有此法可行：山不过来，我便过去。"可见，唯有勇于改变思维的人，才能不断创新，让成功之路更加宽广而持久。

生活中，我们或许难以改变某些既定的事物，但我们可以调整自己的视角和思维方式。有时候，放下固执，选择灵活变通，便是化平凡为神奇的秘诀。众多杰出的成功者，都是从思维的转变开始书写他们的传奇。成功往往隐藏在常人忽略的角落，唯有敏锐洞察，才能捕捉并利用这些机会，从而迈向成功。

有时候，仅仅是视角的轻微转换，便能轻松破解难题。正如古诗所云："横看成岭侧成峰，远近高低各不同。"在思维的广阔天地里，换个角度看问题，或许就能拨开迷雾，发现新的风景。

借万物御天下，让一切发生皆有利于我

《易经》中有一句话：“凡事发生皆有利于我。”

深悟此理后，我们会觉察到身边发生的每一件事都蕴含着对自己有利的因素，都在助力我们成为更加出色的自己。

世间万物皆具两面性，正如老子思想中的阴阳相生相克，福与祸常常相依相伴，看似不幸的背后可能隐藏着幸运的契机。弘一法师也曾开示：“你以为错过的遗憾，或许正是避免了一场灾祸。”不要让自己成为命运的配角，而要成为自己人生的主角。即使剧本不尽如人意，但如何演绎却掌握在我们自己手中。

万事皆有回转，万物皆可为我所用

王阳明曾言：“人间道场，淤泥生莲，世间磨难，皆是砥砺切磋我也。”在这纷繁复杂的世界中，每一个细微的事件都蕴含着因果的玄妙。事情一旦发生，便无法改写，而当我们学会接受那些出乎意料的结果时，我们也将更有力量去面对和承担生活中的一切挑战。

真正的内心强大，在于能够将生活中的一切遭遇都转化为对自己的助力。

曾有这样一则故事：一位农夫在播下种子后，日日向上天祷告，希望这一年能够风调雨顺，五谷丰登。上天如他所愿，给予庄稼无微不至的庇护。果然，田里的庄稼长得比往年都要茂盛，农夫满心欢喜地期待着丰收的到来。然而，当秋天来临，收割的果实却干瘪无收。农夫含泪询问上天为何会如此。上天回答道：“因为你的庄稼没有经历过任何考验。”

人生变幻莫测，世事难以预料。当挫折降临时，我们的本能反应是逃避和抗拒，不愿意接受现实。然而，过滤掉苦难的发生，也就意味着错过了完整的人生体验。

王阳明在早年曾被贬至龙场，那是一个环境恶劣、瘴气弥漫的地方。许多被贬至此地的人都因抑郁而病死，但王阳明却选择在这里开荒种菜、打坐修心。他将所有的遭遇都化作内心的沉淀，结合自己曾经的学问和经历，深刻反思并叩问内心的真谛，最终创立了阳明心学。这正是经历了种种磨难后所获得的成长与体悟。

生活中的种种挑战与困境，都能带给我们心境的坚韧和成熟的魅力。许多深刻的体悟和成长，往往是在人生最黑暗的时刻获得的。正是因为有了这些丰富多彩的经历，我们的人生才会变得更加圆满多姿。

世界变幻莫测，虽然人的计划常受天意影响，但我们可以随时间调整策略，从过往中吸取教训，转变方向。最终你会发现，塞翁失马，焉知非福，所谓的低谷，也许就是新篇章的起点。

未经历苦难，又怎能修得正果、领悟人生真谛？世间所有发生都有它的来意，而所有来到你面前的问题都是可解的。在漫长的人生旅途中，万事万物都有转机。将苦难视为攀登人生高峰的阶梯，把挫折当作智慧的养料；将过去的欺骗转化为警惕，提醒自己要增强防备之心；将曾经的恶意转化为动力，激励自己要更加自立自强。总之，让所有经历都成为助力你成长的资源，将所有经历都转化为丰富你人生的宝贵财富。

只要你不停前行、保持正心正念，未来就永远值得期待，因为一切都是最好的安排。

【转念心法】

生命是一场奇妙的旅程，每一步都充满未知与可能，我们要做的就是“让一切发生皆有利于我”。

从挫败中寻找智慧：每次失败都是宇宙在给予我们重新审视自己的机会，问问自己，这次失败教会了我什么？有哪些是我之前未曾注意到的盲点？

珍惜每一段情感经历：无论这段情感带给你多少伤痛，它都是塑造你成为更完整自己的宝贵资源，学会从中汲取经验，让每一段关系都成为你成长的助力。

将擦肩而过的机会视为未来更好的预兆：每一次失去的机会，都可能是为了让你在未来遇见更加完美的人和事，保持期待，宇宙总有更好的安排。

培养长远的视野：每天为自己设定一个小目标，但同时也要有一个宏大的蓝图，这样，你既能脚踏实地，也不会迷失在琐碎的日常中。

与万物对话：世间万物都有其独特的智慧和能量，学会倾听它们，你会得到意想不到的启示和指导。

虽然我们无法主宰命运的每一次转折，但我们可以选择以何种态度去面对它——万物皆可为我所用，让每一次的挫败与失落成为通往成功的桥梁。让那些曾让我们痛苦的经历转而成为我们前行的动力；让那些曾让我们心碎的情感塑造更加坚韧的自我；让那些错过的机遇为未来更美好的相遇埋下伏笔。

转念并不难，难的是你能否保持正心正念，必要之时在直行的道路上转个弯！

CHAPTER 2

第二章

升维：运气不好的时候，就试试勇气

当你步入纷繁复杂的社会，逐渐认识到许多事情原来是“七分天注定，三分靠打拼”。面对这样的现实，你会选择抱怨命运的不公，还是会鼓起勇气勇往直前？

或许你会说，人生实苦，现实很难，哪儿还有那么多冲劲和激情。

但请记住，如果说人之一生想要获得成功，离不开努力、智慧与运气这三样东西，而努力和智慧是可以通过我们的主观努力去积累的，运气则显得有些飘忽不定。如果你没有天生的好运气，那么，还有一个办法，就是拿出“勇气”。

勇气，并非像无头苍蝇一样盲目地向前冲，而是在洞察世间百态与真相后，依然选择以热爱与坚韧面对生活。其实，我们每个人都会在人生不同阶段遭遇挫折与困境，但请不要将希望寄托在缥缈的运气上。因为幸运不会永远眷顾一个人，而勇气和努力才是我们改变命运、扭转局面的关键。幸运的存在，不是为了让我们心存侥幸、沉溺幻想，而是在我们陷入困境时，激发内心的力量，使我们勇敢面对挑战，早点战胜困难。也不必羡慕他人的精彩与自由，他们未必比你优秀，只不过在他们的人生字典里，始终有勇气去坚持和追求自己的理想。

人时也许尽，人世依旧长。

当我们回望那些看似冒险的旅程，会发现生命中最好的时光莫过于自己静待时机的降临以及笑对一切际遇的勇气。

所以，如果暂时没有运气，那就试试鼓起勇气去改变自己、改变现状吧！

这是一切的开始！

一个人看待问题的方式就是问题所在

在希腊有一句名言："并非事物本身让你不快乐，而是你对事物的看法导致了你的不快乐。"这与美国著名管理学大师史蒂芬·柯维的观点不谋而合："我们看待问题的方式，恰恰就是问题的关键所在。"

在很多时候，真正困扰我们的并非问题本身，而是我们如何看待、理解及应对这些问题。

你是否曾思考过，为何相同的挑战和困境对某些人来说是成长和转变的契机，而对另一些人而言却成了停滞不前的绊脚石，甚至导致他们自我放弃？又或者，从我们自身的经历出发，是否在历经岁月的沉淀后回首过去，发现那些曾让我们心碎的痛苦其实并不那么难以承受？为什么同样的事情，在不同的人或是在同一个人生的不同阶段，会引发截然不同的情感和结果呢？

“牛角尖”困境——单一/自我视角看问题

最近我接手了一个咨询案例，其中涉及的是一位家族企业的二代接班人。他海外留学归来，拥有工业设计专业的背景，却发现自己置身于一个并不热爱的行业之中，属于典型的“被动式”接班。

他面临的挑战来自多个方面：父亲对企业的管理既想放手又不完全放心，导致他在接班过程中感受到了巨大的压力；担任财务总监的表哥并没有以职业化的态度配合他的工作，反而更像是大哥管教弟弟一样；新婚妻子对他的时间和精力有着极高的需求，这在一定程度上分散了他的注意力；而老客户则更倾向于信任他的父亲，与他的关系显得颇为微妙和复杂。

在这样一个环境下，他的接班之路显得步履维艰。企业的状况每况愈下，而他本人虽然满怀热情，但却感觉力不从心，同时也饱受家族内部的负面评价。

在咨询过程中，他倾向于将责任和原因归咎于身边的家族成员，认为他们不支持、不信任、不配合，也不理解他。为了帮助他更全面地审视自己的处境，我引导他换位思考，分别从父亲、表哥、太太、客户和员工的角度去看待和评价他的接班表现。

通过这一系列的代入和反思，他也开始认识到自身存在的问题。例如，他对父亲既过度依赖又拒绝被掌控的双重心理，导致父子关系日益紧张，而他在沟通时采取的激烈对抗方式也加剧了这种关系的紧张。他对表哥由纵容到无法忍受的转变，以及由于顾及面子而无法正常沟通，都阻碍了他从企业管理的角度出发，以对事不对人的态度来处理问题。从员工的角度来看，他并不是一个出色的管理者，他对业务不熟悉，也不愿意深入了解，更多的是停留在表面的指挥和命令上。

“责任到此，不能再推”，这句话源自美国前总统杜鲁门的名言。在生活的点点滴滴中，我们总会遇到各种问题和挑战。然而，当困境降临时，有些人却善于寻找各种借口来为自己辩解，他们口若悬河，无非是为了推卸责任。

我们常常听到这样的说法：“成功是我自己的，失败则是外部因素造成的”或者“我没有错，都是对方的错”。这些言辞反映了人们自我保护的本能。对于一件事的成败、一段关系的好坏，我们往往容易仅从自己的视角去评判。

英国文艺复兴时期的哲学家培根曾说：“习惯是一种强大而持久的力量，它能够主宰人的一生。”这句话同样适用于我们看待问题的方式。

在销售中，当一个客户被成功拿下时，销售人员往往归功于自己，而忽视了市场调研、技术支持、接待等其他团队的贡献；当一个项目失败时，项目负责人却常常抱怨资金不足、团队能力不足、内部流程烦琐，甚至是天气不佳等。

在人际关系中，当夫妻关系不和时，一方总是指责另一方的不负责任、不关心、不勤快；当亲子关系紧张时，父母总是责备孩子不听话、不懂事、不让人省心；在职场中，当下属与领导关系不佳时，下属总是埋怨领导不体谅、不宽容、不给予指导。

这种习惯于从单一视角看待问题，习惯于以自我为中心去看待他人的行为方式，很容易让人陷入“牛角尖”困境，掉进问题和关系的死胡同，从而习惯于推卸责任。这不仅让自己无法解脱，也让他人难以释怀。可以说是既不肯放过自己，也放不过他人。

曾经，我与一位从美国留学归来的朋友深入探讨了人们看待问题视野的演变。他向我分享了自己的亲身经历和视野的转变。

在县城读中学时，他因成绩优异脱颖而出，然而进入新的环境后，他发现自己不再像小学时那样能够轻松夺冠。看到比自己优秀的同学拥有精美的六棱铅笔，他心中涌起了一股嫉妒之情，感叹命运的不公。

经过数年的努力，他成功登顶县中学的成绩榜首。但此时的他不满足于现状，反而因为自己没有高级钢笔而感到人与人之间的不平等。

进入北京的一所名牌大学后，他的成绩开始下滑，连中等水平都难以维持。目睹城市同学丰富的物质生活和优越的学习条件，他再次感叹世界的不公和合理性的缺失。

然而，五年后的一次留学美国的机会彻底改变了他的观念。置身于五光十色的西方世界，他惊奇地发现，所有的嫉妒、自卑和怨恨都烟消云散。

这个转变的奥秘其实很简单：换一个视角看待问题，你会发现一个崭新的世界。问题的本质并不在于问题本身，而在于我们如何看待和处理这些问题。从多个角度审视问题，能够让我们捕捉到平时忽略的信息，思考那些被过滤掉的问题，以及从更多维度去分析问题的本质。

从本质来看，每个人对同一事物的反应差异，源于我们独一无二的人格特质。人格由需求、观点和行为三个核心要素构成。我们的需求和观点通过大脑的解读转化为具体的行为，而这些行为又进一步塑造了我们对外界刺激的反应和结果。因此，调整我们的视角，往往能够改变我们对问题的看法，从而影响我们的行为和最终结果。换言之，这种视角的转变能够带来思维的拓展和认知的升级。当我们学会从不同角度看待问题时，就会发现更多可能性，也会变得更加包容和理解这个世界。

【转念心法】

如果你渴望作出一些微小的改变，那么调整你的行为就足够了。但如果你追求的是翻天覆地的变革，那么你必须改变你的思维模式和观念，用一种颠覆性的视角来审视问题，以寻找创新的解决方案并达到预期的效果。我们人格核心的基本需求源于内心的驱动力和动机，这些动机以各自独特的方式影响着我们的观点。我们的大脑将这些观点转化为具体的行动，无论是有意识的还是无意识的。我们的每一个行为或者不作为，都会产生相应的结果。

深入了解自己的需求，有目的地调整自己的观点和行为，通过转变视角，你就能够创造出你渴望的结果。这是一个持续不断的过程，需要我们保持开放的心态，勇于探索，并愿意接纳和适应新的思维和行为方式。

那些只停留在自己舒适区，反复做同样事情的人，只能得到他们已经习惯的结果；唯有那些勇于转换视角、挑战自我认知的人，才能引领行为的变革并开创新的成果，看见更大的世界。

不走出去，以为眼前就是世界

当我们意识到转变视角和思考方式的重要性后，便会发现，那些深植于我们内心的固有思维并非一朝一夕就能轻易改变。这些思维如同顽强的树根，深深扎根在我们的认知土壤中，需要我们付出持续而坚定的努力来逐步松动和拔除。

为了真正实现自我变革，我们不仅需要内心的觉醒和反思，更需要外在的实践和探索，而在这个过程中，破局的第一步就是要勇敢地走出去，用全新的视角去观察和理解这个广阔的世界。

打破认知局限，看见更广阔的世界

身处在这个日新月异、信息爆炸的时代，我们比任何时候都更容易成为“井底之蛙”。尽管世界的边界在不断扩展，我们的思维和视野却可能被这无形的“井”牢牢束缚。

长久的封闭和自满会使我们误认为眼前所见的即是世界的全部，从而难以挣脱固有的认知枷锁。但事实上，世界比我们想象的要广阔得多，而我们的生活圈子可能仅限于一座小城或村落，每个人的认知都受限于自身的经验和环境。

然而，正是这种局限，提醒我们在多元化的世界中，自我封闭只会导致我们的世界越发狭小。我们需要勇敢地跨出舒适区，去探寻未知的领域，去接触不同的人、事、物。这不仅是对物理空间的拓展，更是对心灵世界的开启。在新环境中遇到的挑战和问题，将激发我们思考、学习和成长，使我们的思维和视野逐渐开阔。

稻盛和夫说：“人，不走出去，家就是你的世界。走出去，世界就是你的家。人的潜能是无限的，安于现状将逐步被淘汰！逼自己一把，突破自我。人生只有一次，怎愿甘拜下风，趁年轻，一定要去折腾，一等二看三落空，一想二做三成功；树的方向风决定，人的方向自己决定。”

当你决定开始走出去看世界，在这探索的旅程中，你不仅会寻找到一个全新的自我，更会惊叹于世界的广阔与精彩远超你的想象。别害怕未知，别畏惧前行。生命是短暂且宝贵的，试想，如果终其一生，连一件自己想做的事情都没有尝试过，那将是多大的遗憾？

纵观历史，那些成就斐然、名垂青史的人物，往往都有着丰富的游历经历和广阔的视野。他们通过不断走出自己的小世界，突破周围的禁锢，见识了不同的文化、思想和生活方式，从而集众家之所长，创造了惊世之举。

钱学森就是一个典型的例子。他的学术旅程就是一部跨越国界的探索史。从国内的交通大学到美国的麻省理工学院和加州理工学院，再到德国的火箭科技研究，他的每一步都走得那么坚定和远大。正是这样的游历和不懈的学习，使他在科技领域达到了世界级的水平，为祖国的强盛贡献了巨大的力量。

而孔子的周游列国不仅丰富了自己的学识和经验，更传播了儒家的智慧。他的游历使他成为一个时代的代表，他的思想和言论被整理成《论语》，影响了一代又一代的人。

王阳明也是一个勇于突破自我、走出去的代表人物。他早年经历坎坷，但志向远大。15 岁就开始的游历生涯，使他的人生变得丰富多彩。他经历了升迁、战乱，不仅文采飞扬，而且武艺超群，最终他创立了深受人们尊敬的“心学”。

有句老话说得好，“人挪活，树挪死”。一个人只有不断地走出自己的舒适区，去见识不同的生活和文化，人生才会变得丰富多彩，不留任何遗憾。否则，我们可能就像那只井底之蛙，永远只能看到那一片有限的天空，而无法领略到外面更广阔的世界。

【转念心法】

人类目前能够精确测量的物质仅占宇宙总量的不到 5%，这意味着有大约 95% 的物质成分对我们而言仍是未知的。同样地，人类所能有效运用的大脑潜能也仅约占 5%。这一数据揭示了一个深刻的现实：我们人类的意识、想法、认知是非常有限甚至可以说是很狭隘的。我们所了解的世界只是冰山一角，大部分的事物仍隐藏在未知之中。除非我们能够突破自己的思想桎梏，否则我们很难触及那 95% 的未知领域，也难以充分发挥大脑的潜在能力，活出更加丰富多彩的人生。

真正的成长和转变，往往来自对未知的探索和对固有认知的超越。因此，不要过分执着于自己的固有想法和观念。学会放下执念，尝试从不同的角度去看待问题，突破自己的思想境界。这样，你也能成为一个不平凡的人，看到一个与众不同的世界。

无论你遇见谁，都是从遇见自己开始

当我们走出来见世界，也是见众生、见自己的一趟旅程。在旅途中，我们会遇到形形色色的人，经历各种各样的事。然而，有趣的是，我们所遇到的每一个人，其实都是我们内心世界的某种反映。换句话说，我们与外界的互动，都是我们与自己的对话。

这听起来可能有些玄妙，但仔细想想，是不是常常有这样的感觉：有些人让我们感到亲切，有些人则让我们感到疏离；有些人激发我们的热情，有些人则让我们感到冷淡。其实，这些都是因为我们与他们之间的互动触动了我们内心深处的某些情感或记忆。

所以，当你遇到某个人时，不妨先问问自己：他/她让我感受到了什么？他/她是不是在某种程度上反映了我的某个方面？这样，你就能更深入地了解自己，也能更好地理解他人。

更重要的是，通过与他人的互动，我们可以发现自己的盲点和不足。有时候，我们可能会过于执着于自己的某个想法或观念，而忽略了他人的意见和建议。但当我们遇到与自己观念不同的人时，如果我们能够开放心态，倾听他们的声音，我们就有可能会发现自己的局限，并有机会去突破它。

世界上最重要的关系是你与自己的关系

说到底，无论你遇见谁，都是从遇见自己开始；无论是谁，我们每个人的旅程，最终都是要找到真正的自我。因为在这个世界上，最重要的关系，其实就是你与自己的关系。只有真正地了解自己，接纳自己，与内心深处的自我达成和解，你才能与他人建立起真正深入的联系，也才能活出更加真实、自在的自己。其中，与自己和解包含了三层意思。

第一个层次，与“自己的平凡”和解。

每个人在初降人世时，都仿佛置身于一个以自我为中心的世界，认为整个宇宙都在围绕着自己旋转。然而，随着岁月的流转，我们逐渐认识到，自己不过是浩瀚宇宙中的一粒尘埃。

在《奇葩说》的一期节目中，有一个引人深思的辩题：“毕业后混得很普通，要不要参加同学会？”辩手傅首尔以她独特的幽默感指出：“混得普通其实就是你人生的巅峰了，所以得抓紧时间参加，因为你以后可能会混得更差。”这番话虽带有戏谑成分，却也触动了我们内心深处的隐忧：是不是我们竭尽全力，最终也只能过上平凡的生活？

但平凡并非可耻之事。汪国真在《平凡的魅力》中坦言，他并不蔑视平凡，因为他自己就是平凡中的一员。我们每个人的内心都怀揣着普通人的愿望，我们的眼睛里映射着普通人的悲欢。学会接纳并珍视平凡，甘于在平淡中寻找生活的真谛，这才是我们应该追求的。

周国平曾说：“人世间的一切不平凡，最终都将归于平凡。”伟大、成功和精彩固然令人向往，但只有在平凡的生活中找到幸福，人生才算得上完整。当我们被生活磨砺得遍体鳞伤时，仍能热爱这个世界，于细微处发现生活的美好，这才是真正的智慧。

与自己的平凡和解，是一种通透的人生态度。在这短暂的人生旅程中，我们应该学会善待自己，不必过于较真，保持大度、看淡一切，从而放下心中的包袱，享受生活的每一个瞬间，不错过每一次成长的机会。

第二个层次，与“事与愿违”和解。

我曾是一个极度注重计划的人，深信严谨的计划是成功的关键。我坚守时间，信守承诺，每个日程都精确到分钟，每一天都经过精心规划。

这种看似高度自律的生活方式，却隐藏着不少痛苦和焦虑。突发事件总是层出不穷：约定的活动因对方临时有事而取消，精心策划的旅行因突如其来的加班而泡汤，身体不适时却仍需参加团建活动。

对于一个计划至上的人来说，这些意外无疑是一场场灾难。它们打乱了我的时间安排，破坏了我的好心情，甚至让我对他人和工作产生了不满。我曾一度陷入无法原谅他人，也无法放过自己的困境。

然而，我逐渐领悟到，接受所有意外，顺应命运的安排，并从中发掘更多美好的东西，这才是真正的智慧。实际上，愿望和计划总是伴随着期待和失望。但我们要明白，这是人生的常态。当期待落空时，不必过分沮丧；当计划被打乱时，也无须过于惊慌。

有一句话深得我心：“那些你竭尽全力也无法留住的人，并非最适合你的人，而是老天在为你准备更好的相遇。”同样地，人生中所有的事与愿违，也许并非坏事，而是另一种形式的收获，请相信老天自有安排。

第三个层次，与“努力没结果”和解。

记得在求学时期，老师常常用“天道酬勤”和“一分耕耘，一分收获”来鼓励我们，让我们相信只要努力就能获得成功。然而，随着年岁的增长，我们不得不面对一个现实：人生中许多事情和人际关系的成功，并非仅仅依靠努力就能实现。

有时候，我们付出了巨大的努力，却可能得不到期望的结果。这背后的原因复杂多样，包括身份背景的差异、命运的偏爱以及各种不公平的因素。就像电影《失恋三十三天》中的那句经典台词所说：“你情义千金，却可能比不上别人的某些优势。”

但是，纵观我们的整个人生，那些让我们魂牵梦萦、难以忘怀的，往往不是最终的结果，而是那些过程中的点滴细节。无论是引人入胜的电视剧、难忘的回忆，还是英雄的一生，真正打动我们的，往往是那些过程中的精彩瞬间。如果因为害怕结果不如意而避免去经历，那样的人生又有什么意义呢？

村上春树说："我动了离开你的念头，不是因为你不好，也不是因为不爱了。而是你对我的态度，让我觉得你的世界并不缺我。其实我可以厚着脸皮再纠缠你，但再也没有任何意义。明知道没有结果的事，苦苦纠缠，威逼利诱，相爱相杀，最后一定都不会有好结果。"有时，没结果或许就是最好的结果。毕竟，那些过程中的酸甜苦辣、喜怒哀乐，才是最值得我们去珍惜和回味的。而在那些值得回味的光与影中，我们才能逐渐认清自己的轮廓。

【转念心法】

与自己和解还包括许多具象的层面，比如与自己的情绪和解，与我们的生活和解，等等。在这个过程中，每个人都是自己的"摆渡人"，在救赎他人的同时，也在帮自己寻找彼岸。而当你看见自己、慢慢理解自己后，更要调整自己。至少要保持一种灵活和觉知的态度，而不是僵化不变。

以口头禅为例，有些人在交流中会不自觉地重复使用某些词语或短语，而他们自身可能并未意识到这一点。即使有人出于善意提醒他们，他们可能会在短时间内有所改变，但不久后又会换上新的口头禅。这反映出他们对自己的言行缺乏足够的觉察和反思。

如果我们不能正视自己的问题，那么真正的改变和成长就无从谈起。我们要做的，就是深刻理解自己的需求和缺陷，并据此作出积极的调整，等待好运降临。

别太轴，小心好运被反噬

如果我们期待已久，好运依旧没有降临，或退一步讲，一件事情未达成所愿，你还会继续等下去吗？

我们常说一个人很“轴”，意指其固执、不知变通。过度的坚持和固执，有时会让好运悄然溜走。

这并不是危言耸听，我身边就不乏这样的人。

我认识晶晶的时候，她正值春风得意。年轻有为的她，凭借出色的能力，在公司迅速晋升为经理，领导着一群经验丰富的下属。然而，随着职位的升迁，她的烦恼也随之而来。

某日，她穿越繁忙的地铁，来到我公司楼下与我共进晚餐。烤鱼尚未上桌，她已一口气灌下一瓶啤酒，借着酒劲，吐露了心中的委屈和困惑。

“我有些后悔当这个经理了。”她叹息道，“以前，我一个人单打独斗，每完成一单就有明确的回报，生活简单又快乐。现在，虽然升了经理，但每个月都要为部门奖金的分配而烦恼。我不明白，为什么每个人都觉得自己应该得到更多，即使他们毫无贡献，也总觉得给少了。”

我告诉她：“或许，他们都无法接受一个现实——付出大于收获，这就是人生的常态。”然而，晶晶始终不依不饶，后来我们很长一段时间没有联系。半年后再见她时，她整个人都憔悴了很多，我一问究竟，才知她一直气不过，于是开始给那些人使绊子，但即便如此也并未如愿，甚至长期的内耗导致她无心工作反而适得其反。

生活的本质就是鲜花与荆棘并存

每个人都会经历一些看似毫无回报的付出，翻过几座没有风景的山峰，爱过几个无法修成正果的人。然而，这些看似无果的付出，其实是命运的馈赠，它们塑造了我们坚韧的品格，让我们学会在复杂现实中寻找诗意，在巨浪中扬帆前行。

我曾与朋友去一个小岛旅行。进岛的唯一方式就是乘坐当地村民的小船。那条船虽显破旧，却承载着我们对未知旅程的期待。途中，天空飘起了雨，因为没有带伞，我们都被雨水打湿了。然而，朋友的五岁女儿却兴奋地钻到了同行小姐姐的伞下，她们在海风中拥抱着，那一刻，我感受到了生活的美好与温暖。

生活就是这样，我们的手心只有这么大，能抓住的东西有限。有人教会我们感恩，有人给我们带来教训。有人口口声声地说爱我们，却在离开时毫不留情；有人犹豫不决地来到我们身边，却不愿离去。这就是生活的真实写照，充满了矛盾与选择。

正如夏目漱石所说："人就在不断地选择的矛盾中，戴上面具，焚烧过去，武装自己。"我们要学会在面对生活的风雨时保持坚韧和无畏，同时在内心深处留下那些疤痕和故事。

【转念心法】

以前，我总是习惯在雨天端坐窗前，对过去的遗憾念念不忘。然而，随着时间的推移，我学会了不再逢人就提起那些伤痛，而是选择将它们深埋心底，继续前行。

泥沙俱下的现实生活总是充满了挑战和不确定性。我们无法改变生活的本质，那就不要过于纠结生活中的细枝末节，而是要学会接受和消化它们。

当我们面对生活的苦涩时，不要与之较劲，要学会在苦涩中寻找甜蜜，在困境中寻找希望。否则，连即将到来的好运气也有可能被反噬。因为没有谁始终活在一方净土上，每个人都在默默吞下各自的苦。

所以，来这世界走一遭，无论中途你遇见谁，发生什么事，别慌乱，别太轴，才是美梦的良方。

启动高维认知的开关

认知如同一个透镜，它塑造了我们看待世界的方式。如果你的认知仅限于二维的视角，那么当你面对一个三维的立体图形时，你的视线可能仅仅捕捉到一个面，而无法洞悉其整体的立体感。若你长时间凝视却仍旧无法领略到其立体之美，那么，是时候该反思了：为何我无法看到更多？

事实上，你所能观察到的，往往与你的认知维度息息相关。假如你的认知尚未触及某个层次，那么即便某些事物近在咫尺，你也可能熟视无睹、置若罔闻。这不是事物的错，而是你的认知尚未触达，更没有准备好去接纳和理解它们。

一个人认知的维度决定了他能看见什么

前面我们讲到，打破认知局限，才能看见更广阔的世界。而我们的认知就像是一个可以开启或关闭的开关，决定着我们能接触到多少世界的真实面貌。要想看到更多，就必须提高自己的心智水平，打开通往更高维度认知的开关。当我们处于“关”的状态时，我们的认知就会受到局限，只能看到自己想看的，听到自己想听的，对世界的理解也就变得片面和狭隘。

很久以前，有个人不慎丢失了心爱的斧子。他立刻怀疑起了邻居家的儿子，于是开始密切注意那人的一举一动。无论是走路的姿态还是说话的口吻，都让他觉得那人就是偷斧子的贼。然而，当他在谷堆中意外找回自己的斧子时，才发现原来是自己不慎遗落在山里的。此后，他再观察邻居家的儿子，便不再觉得他像是偷斧之人了。这就是著名的“疑邻盗斧”的典故。

有时候，人们只相信自己愿意相信的事物，带着主观偏见去看待人和事。这种带有偏见的认知就像一副有色眼镜，让我们看到的事物都符合自己的预期，从而误认为这就是真相。

与“疑邻盗斧”相似的还有一个著名的心理学实验——“看

不见的大猩猩”。在这个实验中，观众被要求数清楚视频中穿白色球衣的球员之间传球的次数。然而，当所有人都全神贯注地数传球次数时，却几乎无人注意到视频中曾出现过一个身穿黑猩猩服装的人偶。这个实验生动地展示了我们在专注于某一任务时，很容易忽视其他显而易见的事物。

在生活中，我们也常常会遇到类似的情况。比如，当女孩看到男友在卫生间看手机时露出笑容，就可能会断定他在撩妹；当丈夫独自去婆婆家后，回来如果与妻子发生争执，妻子就可能会怀疑是婆婆在背后说了自己的坏话。然而，这些想法很可能只是我们的主观臆断，而非事实真相。

细思极恐的是，生活中可能还有很多被我们忽视掉的“大猩猩”。由于我们的注意力有限，很多重要的事物可能就在我们不经意间从眼前溜走。而人生没有回放功能，我们甚至可能永远都不知道它们曾经在我们的生活中出现过，更谈不上及时修正和弥补了。

因此，我们要学会摘下主观偏见的眼镜。当高维认知的开关进入“开”的状态时，我们的心智也会变得更加开阔和包容，能够看到之前被忽视或无法看到的东西。即便在好运还没降临的时候，也有能力看清问题的本质，有勇气允许一切发生，有方法转变念头，扭转乾坤！

【转念心法】

“定慧等持”与“知行合一”是两种提高认知水平的重要途径。通过修炼自己的内心，我们可以达到“定”的状态，从而更加清晰地认识自己和世界。而通过实践与行动，我们可以将知识转化为智慧，实现“知行合一”，进一步提高自己的认知水平。

当我们打破认知的局限，来自内心深处的能量就会如同洪水般汹涌而出，得到全面的释放。这种能量的释放，不仅让我们感受到前所未有的自由和力量，更让我们仿佛找到了一扇通往更高维度的“任意门”。

通过这扇“任意门”，我们可以自由地穿梭于不同的认知维度之间，看到之前无法望见的景象，听到之前无法捕捉的声音。我们的视野将变得更加开阔，我们的认知将变得更加深入。我们将以全新的视角去看待世界，以全新的态度去面对生活。

地球是运动的，人不可能永远处于厄运的位置，终有一天你会发觉，原来，凡事发生皆有利于我。

CHAPTER 3

第三章

正心：心念一转，峰回路转

人生之路，时而坦荡如砥，时而崎岖不平。在这漫长的旅程中，我们时常会遇到挑战与困境，也会遭遇迷茫与不安。既然念头、心境的转变往往能带来命运的转机，那我们就要进一步修炼自己，学会自省、自修、自度、自信和自愈，在心念一转之间，发现峰回路转的美妙。

简单来说，自省，是让我们在直行的道路上学会转弯，审视自我，调整方向；自修，是通过不断的努力和改进，使事情逐渐变得更好，让我们的内在更加丰盈；自度，是放下执念，远离不必要的烦恼，从而轻松前行；自信，是在无路之处勇敢地蹚出新路，在荆棘中绽放出绚丽的花朵，展现出内心的力量；自愈，则是在经历风雨后，站在最亮的地方，活成自己渴望的模样，散发出独特的光芒。

在这一章中，我们将一同探索如何通过正心，循序渐进地实现内心的转变与成长。用心念的力量，让困境峰回路转，让好运如期而至。

自省：在直行的道路上转个弯

很多时候，人们往往容易固守既定的思维，一条道路走到黑，不见黄河心不死，却未曾意识到，人生旅途本就充满了岔路与选择。适当地转个弯，或许能邂逅更为绚丽的景致。

曾有两位失意的青年，共同去拜访一位深具智慧的老师。“师父，我们在职场饱受排挤，内心痛苦万分，请求您指点迷津，我们是否应该放弃这份工作？”两人异口同声地询问。老师闭目沉思良久，最终吐出五个字：“生活如一餐。”随后摆手示意他们离开。

回到职场，其中一位青年选择了辞职，回归田园生活；而另一位则决定留下，继续奋斗。

光阴似箭，10 年匆匆而过。归田的青年通过科学种植与品种创新，逐渐崭露头角，成为一名杰出的农业专家。而留在公司的青年也通过不懈努力，获得了认可，晋升为经理。

某日，两人重逢，互诉衷肠，不胜唏嘘。

“真是奇妙！师父当年那句‘生活如一餐’，我听后深有感触，生活不过如此，何必拘泥于一处？所以我选择了离开。”农业专家询问经理，“你当时为何没按师父的话去做呢？”

“我其实听从了师父的建议。”经理微笑着回应，“师父说‘生活如一餐’，意味着无论经历多少艰辛与磨难，都只是生活的一部分。在工作中，我学会了忍耐与宽容，把每一次的挑战都看作生活赐予我的一餐。这不就是师父想要传达的意思吗？”

带着满心的困惑，两人再次拜访了那位老师。老师依旧闭目沉思，最后缓缓说出五个字：“只在一念间。”随后挥手送客。

在同样的启示下，两位青年各自找到了属于自己的人生道路。一个选择继续前行，在职场中晋升为经理；而另一个则选择转弯，在另一片土地上寻找并实现了自己的人生价值。

很多事“不过一念间”，两人似乎都从过去的阴霾中走出，找到了属于自己的快乐。但深入探究，我们会发现他们的内心世界有着截然不同的风景。农业专家彻底告别了曾经“痛苦”

的过往，勇敢地为自己的人生开启了新的起点；而另一位年轻人则凭借坚韧不拔的毅力和不断进取的精神，在原公司赢得了更高的职位。尽管他们的选择迥异，却都在那一念之间，找到了各自的人生舞台。

人们常说，“天无绝人之路”。当上帝为你关上一扇门时，他总会为你留下一扇窗。当人生之路似乎走入歧途或是为困境所困时，我们无须将自己困在死胡同里，毕竟，条条大路通罗马。该勇往直前时却犹豫不决，会错失良机；而在需要转弯时却固执前行，便是不懂得及时转弯的智慧。

当然，我们这里所谓的“转弯”不只是方向的扭转，更是思维方式的转变。

曾有一位读者在微信上向我倾诉：“生活压力重重，既要应对房租、学业，又要面临工作的挑战，我已感到无法承受，甚至有过极端的念头。”面对这样深重的困扰，我建议她寻求专业心理咨询师的帮助。后来了解到，她还非常年轻，正站在人生的十字路口。

在当今社会，许多年轻人期望生活能够一帆风顺、阳光明媚。然而，当面对逆境时，即使是日常生活中的小压力，也可能让他们感到难以逾越，从而产生焦虑、迷茫，甚至自暴自弃。

我曾遇到过一个20世纪80年代初出生的女子，她的人生前半段可谓一帆风顺。然而，在她30岁那年，生活给了她沉重的打击：伴侣背叛、家庭变故、孩子尚年幼、母亲精神受创。面对这一切，她选择了坚强面对，独自承担起家庭的重担。

正是她的坚韧和勇气，让我看到了一个外表柔弱、内心强大的女性形象。在经历磨难后，她选择回国重新开始，照顾家人，寻找新工作。这个曾经在温室中长大的女子，如今已经成长为一个能够担当一切的成熟女性。

她曾告诉我："感谢那些波折带来的磨难，让我认识到生活并非永远阳光顺利。虽然现在我失去了很多，但我的内心和精神已经变得更强壮，处理事情也更加从容。"她的话语中透露出对生活的深刻理解和感悟。

我们每个人的人生道路都充满了起伏和挑战。有平坦的时刻，也有崎岖的路段；有鲜花和掌声，也有荆棘和挫折。但只有勇敢面对并穿越这些困境，才有可能扭转未知生活出现的种种境况。

亦或许，这种迎接挑战的过程，正是我们重塑自己、成为更好的自己的旅程。而面对困境的勇气和坚韧，也许正是转运的契机，那些不幸成为幸运的开始，那些此路不通的尽头，成为峰回路转的前兆。

人生要一路向前，也要放下我执，适时转弯

你有没有发现，我们常常不自觉地强调“我的”：我的财富、我的尊严、我的家庭、我的孩子、我的资产、我的父母、我的伴侣、我的名誉、我的身体……这种强烈的“我”的观念容易导致过度的执着，进而引发无尽的烦恼和痛苦。然而，当我们尝试放下这个“我”，那些烦恼和痛苦便会随之消散，内心恢复宁静。

许多人常常自寻烦恼，自作茧缚，这是生活中常见的悲剧。我们如同蚕蛹，不断地为自己编织一个个难以挣破的茧，最终将自己紧紧束缚。

在宋代，文学家苏轼曾与佛印禅师一同打坐参禅。在一次禅坐后，苏轼感到心旷神怡，于是询问禅师：“您看我坐禅的样子如何？”

“庄严如佛。”禅师回答道。苏轼闻之大喜。

随后，佛印禅师问苏轼："学士，您觉得我打坐的姿势怎样？"

苏轼带着些许玩笑的意味回答："像一堆牛粪。"禅师听后并未动怒，反而露出了欣然的笑容。

苏轼自以为赢得了禅师的认可，于是逢人便炫耀自己的胜利。当他的妹妹苏小妹听闻此事后，好奇地询问哥哥是如何赢得禅师的。苏轼得意地叙述了与禅师的对话。

苏小妹听后，聪明伶俐的她立刻指出："哥哥，其实是你输了。禅师的心中有佛，所以他看你如佛；而你的心中只有牛粪，所以你才会看禅师像牛粪。"

苏轼愕然，这才意识到自己在禅修上的境界远不及佛印禅师。

苏轼之所以输给禅师，根源在于他过于执着于"我"。当禅师赞美他时，他沾沾自喜；而当他嘲讽禅师时，便自以为是。

人们往往倾向于自我保护、自我信赖，并依据自己的经验行事。然而，我们所执着的"我"并非真实的自我，而是一个虚幻的影像。因此，有智者曾言："在人类社会的发展进程中，我们应该用智慧去庄严一切，而非用自私去分裂。"

那么，如何放下对"我"的执着呢？让我们通过一个故事来探寻答案。

一位教授和他的女儿在山中漫步时，看到了两棵树：一棵郁郁葱葱，另一棵却枯萎凋零。

恰巧此时，教授的两个学生全心和全意路过此地。教授便问他们：“你们认为哪棵树更美观？”

全心首先发表看法：“我认为茂盛的这棵更美观！”教授听后点了点头。

接着，全意表达了不同的观点：“我倒觉得枯萎的那棵更有韵味！”教授同样点头表示认同。

女儿感到困惑，于是问父亲：“您都点头同意，那到底哪棵树更美观呢？”

教授反问女儿：“那么，你认为哪棵树更美观呢？”

女儿沉思片刻后回答：“茂盛的那棵树生机勃勃，固然美丽；而枯萎的那棵也透露出古朴的韵味。”

教授听后微笑不语，因为他的女儿已经领悟到了放下“我”的执着，以平等、无分别的心态去欣赏万物的美。

在生活中，我们常常为了一个“我”而奔波劳碌，追求物质享受和精神满足。然而，过度执着于“我”往往会让我们陷入痛苦和烦恼的旋涡。要放下对“我”的执着，我们需要冲破自我的束缚，打破私欲的枷锁，拓宽胸怀，提升思想境界。通过经常自我反省、学会换位思考、关爱他人以及放下“小我”以“大我”的心态去面对世界，我们便能摆脱烦恼的困扰，获得内心的安宁与和谐。

【转念心法】

其实，除了对于“我”的一系列问题的执着，每个人都会有自己的想法，但想法本身并不是问题。前行的路上，每个人都会有自己的想法，最大的问题是你有一颗执着的心。此时，我们不妨自省一下。

问题 1：你是否渴望成为更好的自己，却又害怕或不愿作出改变？

在我们的人生旅途中，改变是不可避免的。许多人怀揣着变得更好的愿望，却止步于改变自己的门槛之外。因为改变确实需要付出努力，甚至伴随着痛苦。人们总是幻想着能够轻松实现自我提升，然而，这样的好事又怎会轻易降临呢？

由于人们害怕付出和辛苦，因此总希望有一种神奇的方法能够迅速带来改变。这种心态导致社会上涌现出众多宣称能迅速改变现状的机构，它们的广告语说得天花乱坠，诸如“10天瘦身20斤”“30天塑造完美身材”等。然而，事实证明，这些机构往往只是掏空了你的钱包，却并未真正带来你所期望的改变。因此，我们应该明白，只有脚踏实地、一步一个脚印地努力，才能真正实现自我提升。就像吃饭时需要细细咀嚼才能吸收营养，品茶时需要小口慢尝才能品味出茶的韵味一样。

问题2：你是否在不断变化，却在每个瞬间又过于执着？

拥有自己的想法是自然而然的事情，但重要的是我们不应过分拘泥于这些想法。实际上，人生就是一个不断变化和适应的过程。回想一下，你在幼儿园时有没有特别喜欢的事物？到了小学，你的喜好是否发生了变化？再之后，初中、高中、大学，你的兴趣和所爱是否依旧在变？这其实说明了我们本质上是善于改变的，我们并非一成不变。

我们始终处于变化之中，但在每一个瞬间，我们往往又显得过于执着。

人生就像一条流动的河流，它告诉我们应该随着时间和经历的积累去适应和变化。从幼儿园到大学，我们的喜好和兴趣在不断地演变，这其实是我们生命中的常态。尽管我们始终处于变化之中，但在每一个具体的时刻，我们却常常不自觉地执着于当下的想法或情感。要记住，想法是流动的，情感是变化的，而我们的人生也应该是一种灵活多变的旅程。我们会经历无数的事件。事件本身并非关键，重要的是我们如何应对和超越这些事件。这种态度不仅展现了我们的思维方式和生命境界，更透露出我们真正关心的事物。每当我们遭遇挑战，我们的情绪、思维方式和心态都在无形中描绘出我们的生命状态。

那些反复出现的问题，其实都是我们尚未真正解决的难题。例如，当我和朋友发生争执后决定永不来往，但几年后重逢又起争执，这明显表明我们双方都没有真正的成长，仍然被过去的问题困扰。这就像是一个新瓶子里装的仍然是旧酒，我们的内在并没有真正的更新和成长。我们常说要“日新月异”，但如果我们总是被过去的问题牵绊，那我们就可能陷入“日旧月旧”的恶性循环中。

为了真正走出过去的阴影，活出一个全新的自己，就要及时转弯，改变自己的思维方式和心态，以更开放、更包容的心态去面对生活的挑战。

最后，给大家几个小建议。

1. 当遇到问题时，尝试从不同的角度去思考，打破固有的思维方式。

2. 定期反思自己的生活状态和心态，看看是否有哪些地方需要改变。

3. 不要害怕面对过去的问题，只有正视它们，我们才能真正地解决并成长。

4. 保持一个开放和包容的心态，接受新事物和新观念，让自己的生命更加丰富多彩。

自度：状态对了，路就会越走越顺当

当你开始尝试改变自己的状态时，人生的轨迹也会慢慢跟着转变。

状态对了，路就会越走越顺当。

反之，如果我们总是处于消极、负面的状态，那么我们的思维就会变得迟钝，行动力也会减弱。这样的状态下，我们很难看到问题的本质，更别说找到解决问题的方法了。

我的一个远亲，与我同住一个小区的小雅，手里拎着一盒新鲜的烘焙饼干，兴冲冲地来我家做客。

在表达了感谢并接过她精心制作的饼干后，我注意到她似乎并没有立即离开的意思。

“要不要坐会儿？”我邀请道。

她欣然同意，轻轻抚平裙摆，在我家的沙发上优雅地坐下。

“我读过你的文章，觉得你或许能帮我解决一些问题。”小雅带着期待的眼神看着我。

我为她倒了一杯绿茶，她接过茶杯，道了声谢，然后突然泪水盈眶。

我轻轻拍了拍她的肩膀，安慰道：“说说看吧，发生了什么事？”

她迅速抽出纸巾擦去眼泪，哽咽道：“为什么现在的人都这么不友善呢？”

“什么意思？”我有些困惑。

“你没看我们小区的社区群吗？”她惊讶地问，仿佛不看社区群是件多么不可思议的事情。

为了了解情况，我迅速翻看了社区群的聊天记录。

“有什么问题吗？”我直接问她。

“你看，我只是分享了一张我拍的花朵照片，想和大家分享生活的美好。可是他们却争论起这花的名字来，真是无趣极了。”小雅抱怨道。

“所以，你今天不开心就是因为这个？”我问。

她点点头，神情落寞地看着我。

我听小雅的妈妈说过，小雅去年考公务员失败后，情绪一直很低迷。今年她决定再次备考，全心全意地投入到复习中。

后来，有一次我在小区里遇到小雅的妈妈，我们闲聊了一会儿。

她妈妈表示很担心小雅今年的考试，觉得去年只差几分，今年可能会差更多。

当时，我本来觉得她妈妈可能过于担忧了，但这次和小雅交流后，我也开始为她今年的考试前景感到担忧。

倒不是因为我对她的复习情况有了全面的了解，而是她目前的状态实在令人担忧。

我一直认为，人生路漫漫，可以选择的赛道有很多，但无论哪条赛道，想要取胜，首先得调整好自己的状态。

状态不佳，做任何事都难以顺利

在人生的旅途中，我遇到了许多像小雅这样的年轻人，甚至我自己在某个阶段也曾迷失在纷乱的生活状态中。

我们都有梦想，都有目标。

但在迈向目标的道路上，步伐却常显得沉重而无力，方向感也变得模糊。

他人一句无心的话语，就能让我们心神不宁，陷入自我怀疑的深渊。他人微微皱起的眉头，就能让我们喉头一紧，沉默许久。他人一次小小的疏忽，就能让我们眼神一黯，心灰意冷。

状态不佳时，我们往往会过度关注周围的一切，无论是否与自己相关，都会不自觉地联想到自己。

我是不是失言了？

我是不是上次没有主动和她打招呼，让她不开心了？

我的犹豫是不是被她察觉了？

在这个每个人都忙于自己生活的世界里，我们却总想着顾及他人。

在这种状态下，不感到疲惫才怪呢！

在阅读《人生的智慧》时，我接触到了叔本华的一个观点——自我与他者的区分。

我理解的“自我与他者的区分”的核心是，我们在处理人际关系时感到困扰，主要是因为没有明确区分自我和他者的界限，不清楚哪些是他人的事务，哪些是自己的责任。如果这条界限模糊不清，我们就无法准确判断痛苦的根源是来自自己还是他人。

用叔本华的话来说，“人生的痛苦主要源于对他人的过度关注或对自己的事情缺乏关注”。

这个概念很好地揭示了一个现象：许多人状态不佳，根本原因在于没有厘清自己的分内之事。当我们学会区分自我与他者，专注于自己的课题，就能找回生活的节奏，重拾良好的状态。

【转念心法】

2023 年的夏天，我与几位友人共赴一座静谧的海岛，享受了一段难忘的度假时光。

一见面，大家便纷纷议论起各自的生活状态。其中，有几位身处高压职场的友人羡慕地说道：“看人家小雅，脸色红润，神态自若，简直就像这座岛的岛主。哪像我们，被工作和生活磨得疲惫不堪，连度假都难以真正放松。”

在一片欢笑声中，他们向我询问保持好状态的秘诀。

我沉思片刻，意识到状态其实是非常个人化的体验，很难用一种普适的方法去概括。

但如果要分享一个心得，我认为保持好状态的关键在于能够专注于当下的事情。无论是工作还是休闲，我们都应该全心全意地投入，享受其中的纯粹乐趣。

就像在那个海岛上，我可以静静地坐在海边，看着夕阳下的渔船缓缓驶入海中央，听着海鸥的叫声，观察它们在海面上翱翔。或者与一位和蔼的老奶奶畅谈人生，感受她的智慧与豁达。又或者是坐在草地上，与一只温驯的流浪狗共度一个悠闲的下午。

在这些时刻，我的全部心思都投入到了眼前的事物上，没有杂念，没有烦恼。这种状态让我感到平静而满足。

每个人的内心世界都像一片广阔的土地，等待我们去开垦和播种。如果我们能够规划好这片土地，种下我们真正热爱的种子，那么未来的收获一定会让我们满意。

生活是我们自己的，我们应该学会剔除那些无关紧要的琐事，专注于真正对我们有意义的事情。只有这样，我们才能将生活打造成一条充满希望和通往精进的道路。

当我们的生活变得有序而专注时，那些曾经的迷茫和混乱就会逐渐消失。

正如罗曼·罗兰在《约翰·克利斯朵夫》中所写：“大部分人在二三十岁上就死去了，因为过了这个年龄，他们只是自己的影子。”这并不意味着他们真的离世，而是指他们失去了对生活的热爱和追求，陷入了一种机械而重复的状态。

当我们感到状态不佳时，往往并不是因为生活真的陷入了绝境，而是因为我们陷入了原地踏步的困境。过去已经无法改变，未来又遥不可及，这种无力感让人感到沮丧和窝火。然而，在这个时候，别慌张得不假思索就把自己扔进火堆里，指望一场火势更烈的虚无。

慌不择路，只会令你更加迷路。唯有停下来，在你的心之岛屿上理顺自己的思绪和情感。把自己理顺了，才是跑赢人生下半场最好的起跑姿势。

自修：做点什么，让生活逐渐变得更好

境随心转，喜悦自生；心随境转，烦恼即起。生活中的点滴变化，往往取决于我们的内心状态。要想让生活逐渐变得更美好，自修便是一条通达之路。

真正有滋有味的生活，源于内心的热爱与喜欢，而非外在的炫耀、比较或他人的赞许。当你真心喜欢自己的生活，即便与整个世界失去联系，你依然能深爱着自己，并从周遭的细微之处——一草一木、一风一景中，感受到实实在在的满足与快乐。

自修，便是这样一个过程，从现在开始，静下心来，做点什么，让生活逐渐变得更美好吧！

你的努力时光不会辜负

数年前，有个名叫小芸的学妹，毅然决然地放弃了原本的专业，跨入了全新的行业。令人欣喜的是，她的转型非常成功。

小芸才华横溢，文笔出众，思维敏捷，学习能力超群。更令人钦佩的是，她年纪轻轻却展现出非凡的交际手腕，很快便成为某位行业大佬的得力助手。

凭借这些卓越的能力，小芸经常被老板带着出席各种高端场合。起初，她像只胆怯的小鹿，但仅仅过了半年，她就能在那些商业巨头面前谈笑风生，游刃有余。

与此同时，众多高薪职位的邀请函如雪片般飞来。某天，小芸约我出来品茶，她满面春风地告诉我，她打算在年假结束后辞职，因为现在的公司限制了她的发展速度。她问我，此时跳槽是否明智。

我摇了摇头，告诉她时机尚未成熟。她急忙解释，说她并不在乎即将到手的年终奖，因为新公司提供的月薪是现在的两倍。她担心，若继续留在这个公司，她的发展速度会落后于同期的同事。

我耐心地说，你虽然进步神速，但你是否确信已经与那些商业大佬建立了稳固的合作关系？你现在的名气很大程度上依赖于你的老板和平台。离开他们，你还能保持现在的影响力吗？挖你墙角的人只看重你目前的价值，但你的长远发展需要自己深思熟虑。

小芸陷入了沉思，但她仍然认为自己已经掌握了所需的一切。我提醒她，或许她对自己负责的部分确实了如指掌，但项目的成功往往依赖于团队合作。独当一面的能力，她可能还未完全具备。

经过一番纠结，小芸最终决定留下，继续履行她的合同。用她的话来说，她要继续“稳扎稳打”。

两年后，小芸的公司获得了知名投资公司的青睐。由于她全程参与并执行了大部分工作，加上她的勤奋和踏实，她迅速成为公司的合伙人之一。

小芸感慨地说，如果当初选择跳槽，她的月薪可能只会多出几万元，这对她的生活质量并不会产生太大的影响。而现在，她在 30 多岁就拥有了随时退休的资本。

这看似是运气的眷顾，但其实是她明智选择的必然结果。许多年轻人在追求优越感时，往往只关注眼前的薪资待遇。然而，真正的优越感来源于10年前的某个重要抉择。

能否在青春年华时抵制各种诱惑，能否静下心来深耕某个领域并塑造自己的专业形象和声誉，这才是决定未来差距的关键因素。

你看，有时候，快就是慢。稳步前行，竟然是最快的成功之道。

就在我写这本书的期间，一位友人向我讲述了一件令他颇为感慨的往事。

不久前，人事部门将几份经过初步筛选的简历发送至他的邮箱，希望他能从中挑选出合适的人选进行进一步的面试。他随意浏览着这些简历，突然，一个熟悉的名字映入了他的眼帘。他心中一震，急忙查看该应聘者的毕业院校和工作经历。看完之后，他确认了这位应聘者正是他多年前的好友，他们曾一同度过实习时光。

想当年，他们作为实习生进入同一家公司，共同面临着新手销售的种种困难。一年后，他们虽然都留在了公司，但业绩上并无太大突破，前辈们的指导也寥寥无几。

那时，他的好友率先动了跳槽的念头，并邀请他一同离开。

面对更高的薪资和更好的提成比例，他也曾心动。然而，最终他还是选择了留下。他坦言，当时自己并非经过深思熟虑，而是心中有所畏惧，担心自己的能力无法匹配那份高薪。

好友见他犹豫不决，便独自踏上了新的征程。不久后，公司发生人事变动，他因未参与任何派系之争而意外成为新任领导的得力干将。此后，他的事业蒸蒸日上，后来与人合伙创业，公司规模逐渐扩大，盈利能力已与一线同行不相上下。

而他的好友，在长达六年的时间里频繁跳槽。每次跳槽后，他都未能深入接触核心业务，便因种种原因再次选择离开。那份曾在知名大公司工作过的履历，随着时间的推移也变得不再耀眼。

直到这一次，他的好友再次投递简历时，他们才尴尬地重逢。他长叹一声，出于对当年情谊的珍视，他联系了几位业内同行，为好友推荐了新的工作机会。

他说，他并非反对跳槽或换赛道，只是深知在未能将一件事做到极致之前，频繁跳槽只会让自己在风险面前更加脆弱。他希望好友能够明白这个道理，找到属于自己的发展道路。毕竟，时光从未怠慢每一个努力前行的我们。

【转念心法】

在杰克·特劳特的《定位》一书中，有这样一句引人深思的话："如果试图兼顾所有，最终可能一无所获。专注于某一领域，努力成为其中的佼佼者，远胜于广而不精的泛泛之辈。"

可见，努力也不是盲从的。我的建议是，专注深耕，即对某一领域持续探索和精进，在特定领域内创造独一无二的价值，最终努力将自己塑造成该领域的权威。

或许有人会说，有些人即使长时间从事同一份工作，也未必能成为专家。我这里要强调的是，深耕并非简单的重复劳动，而是在不断的学习和实践中寻求突破和创新。

那么，如何判断自己是否在深耕呢？一个简单的方法是回顾过去的几年，看看自己是否在专业技能和认知上有所成长和进步。如果一个人能够持续地学习和进步，那么他就不用担心被时代淘汰。

那些愿意躬身深耕的人，无论在哪个时代，都能成为行业的佼佼者。他们可能在时代的洪流中显得低调而缓慢，但正是这种不疾不徐的态度，让他们能够稳健地前行。

当时代的浪潮退去，我们才会发现，那些在深耕中搭建起自己知识城堡的人，与那些急于求成、只顾追赶进度的人有着天壤之别。时间是最公平的裁判，它不会亏待任何一个努力深耕的人。

那些愿意在生活的点滴细节中深耕的人，已经在时间的河流中埋下了丰富的宝藏。他们只需等待合适的时机，便能开启这些宝藏，展现出自己的独特价值。

自洽：喘口气，慢慢走

我在创作期间，曾在丽江待了一段时间。在当地的客栈里，不时会遇到远道而来的客人，有时我就在想，这些驻足停留的人，或许是寻求一丝异乡的慰藉。

甚至我还遇见了自己的读者朋友。我发现，网络上的他们言辞流畅，充满期待。但当面相见时，很多人会突然变得羞涩，紧张地拉扯着背包带，仿佛随时准备逃离这场陌生的相遇。

这种情形我已司空见惯。其实，我也曾有过这样的时刻。

网线两端的我们，分享着各自的故事，我尽力给予慰藉。但当他们转身离去，我总会松一口气，同时也为这场奇妙的相遇感到庆幸。

有时，我会在夜色中，伴着店前的灯火，邀请这些“逃兵”

坐下，喝杯热茶，聊聊天。

我明白，他们不远万里而来，心中必定有着难以言说的苦闷。若非如此，谁又会轻易打扰一个陌生人的生活呢？

他们或许在寻找一个出口，一个能够理解他们，让他们暂时逃离现实的地方。而我愿意成为那个倾听者，那个给予他们片刻安宁的人。

熬不住的日子里，先让自己舒坦起来

每个人都会有一段艰难的时光。

或许是学业的重压，或许是生活的乏味，或许是工作的挫折，又或许是情感的波折……这些困扰如同一锅煮煳的粥，让人无法下咽。

你或许曾躺在床上，看着天花板，想着放弃算了。但最终还是会起身，清理那些煳掉的粥，重新开始。

“重新开始”这四个字虽然简单，但其中的艰辛只有经历过的人才能体会。

在那种时候，你会感到莫名的烦躁，看到手机上的未读消息就感到焦虑，听到电话铃声就想要逃避。那种窒息的感觉，仿佛要将你吞没。

很多人问我："遇到这种情况，我该如何振作起来？"我的回答总是："先让自己舒服下来，然后再慢慢找方向。"

当我感到疲惫和失落时，我不会强迫自己去做一些事情来证明自己。我会找一个阳光明媚的地方晒晒太阳，穿上我最喜欢的衣服，去街角的咖啡馆喝一杯香浓的咖啡，或者去见一见那些我很久没见的朋友。这些简单的事情，总能让我感到心情愉悦。

从困境中走出来，并不需要立刻充满斗志。从深渊到云端，每个人都需要时间来调整自己的呼吸。当我们感到无法承受时，应该允许自己停下来喘口气。每当你感到绝望时，不妨放下一切束缚和期望，先让自己放松下来，允许自己好好喘口气，给自己一些时间和空间去恢复和自我调整。一个人只有先学会自处、能够自洽，才能重拾自信。

我认识的一个女孩小芳，在几个月前结束了她七年的婚姻。

从那段关系中抽身，她仿佛从一场长梦中醒来。

在那段婚姻中，她过得如同一个独立的个体：深夜里突然离家，无人询问她是去加班还是遭遇了什么困扰；数日不归，无人关心她的去向；整日不食，也无人知晓。不知何时起，同一屋檐下的两个人，已形同陌路。

起初，她以为感情的破裂总伴随着一些显著的事件。然而，当这一切真正发生时，她却愕然发现，并没有第三者的插足，没有激烈的争吵，也没有复杂的家庭纷争，但两人的亲密关系就这样悄无声息地瓦解了。甚至，她想找个人倾诉都无从说起。

家人劝她："你前夫既没出轨，也没赌博，只是喜欢玩游戏，不太会关心人而已，你为什么要坚持离婚呢？""生活不就是这样吗？无论与谁过，日子都会越来越平淡……"

于是，她选择逃避到公司，但职场的生活也并不轻松。她的薪水在当地算是高薪，因此老板总是要求随叫随到，她感觉自己仿佛是一只被操纵的木偶。

无论是分内还是分外的工作，只要老板一声令下，她都必须执行。

婚姻与事业，在同一时刻轰然崩塌。

而这种崩塌，是外人无法理解的。

在外人眼中，她的前夫性格温和，她的工作待遇优厚。她的任何不满，都被视为"无理取闹"。

那段时间，小芳开车时常常恍惚，甚至在红绿灯前都会失神，直到身后的喇叭声刺耳地响起，她才回过神来，随着车流前行。

无法承受这种压力的她，选择来到我这里寻求片刻的宁静。她关闭了手机，没有带电脑，只是眯着眼睛坐在我的院子里晒太阳，手中无书，眼中也无期待。如果不是寒冷的天气中她呼吸时冒出的白气，人们可能会误以为她只是一尊雕塑。

我好奇地问她："为什么带这么多安眠药？"

她淡然一笑："最初，我确实想过结束一切，但给我药的人告诉我，过量服用会对身体造成损害。"

我笑了："一个一心求死的人，还会在乎这个？"她舒展了一下身体，认真地回答："怎么能不在乎呢？万一没死成，或者在中途后悔了，那种半死不活的状态还有什么意义？"

这话说得在理。

我们其实都很珍惜自己的生命，只是在孤独的角落里，我们感受不到这份珍惜。

小芳在我这里逗留了几天后，便购买了返程的机票。

我吃惊于她的匆忙，这样回去不还是要面对那些问题吗？

在机场送别时，我忍不住问她："你都已经处理好了吗？"

她愣了一下，然后大笑起来："怎么可能都处理好！我什么都没做。""那你现在回去能应付吗？"

"可以的。"她坚定地说，"我现在不想死了，我想好好地活着。"

后来我听说，小芳离了婚，也遇到了真正珍惜她的人。至于工作，她在提出辞职后，老板不仅给她涨了薪水，还不再随意使唤她。

莫名其妙地，一切都回到了她心中所期望的平衡状态。不早不晚，一切都刚刚好，她重启了自己的人生。

【转念心法】

生活如同一本引人入胜的小说，每一页都充满了未知与奇遇。当我们陷入困境时，往往急于寻找出路。自救无果时，便会四处寻求帮助，渴望迅速摆脱现状。

然而，生活中的难题往往不是一时三刻就能解开的。我们总幻想通过一次远行、一次深谈或是一位智者的指点，就能立刻拨云见日。

但现实是，越是焦虑，问题似乎就越像一团乱麻，难以厘清。

在困境中，我们最需要的不是立即扭转乾坤，而是保持对生活的热爱和期待。只要心中有光，就有希望照亮前行的路。

有时候，一次简单的见面，就能让我们发现生活中不经意的美好。

在追求意义的道路上奔波太久，我们或许会变得过于苛求，总希望每件事都有价值。但其实，值不值得，只有自己的心才能衡量。正如钱钟书先生在《围城》中所言："期待着见一面，就能让见面的那几天都熠熠生辉。"这句话温暖而深刻。

现实生活中，一次见面可能不会改变太多，但那份期待和回忆，却是生活的珍贵瞬间。如果你没有特别想见的人，也没关系。穿上心爱的衣服，整理好仪容，走出家门，去感受这个世界的喧嚣与宁静。

街头巷尾的那些陌生人，他们的生活或许平凡而忙碌，但每个人的故事都独一无二。他们像你，也像我，都在这个世界上寻找着自己的位置。

重要的是，我们要勇敢地走出去，去感受不同的人和事。无论是温暖的拥抱还是冷漠的目光，都是生活给予我们的体验。

只有经历过这些，往后余生慢慢走，每一步都会比现在更好。

自愈：站在最亮的地方，活成自己渴望的模样

当你走到半路，回头突然发现，眼前的任何事并非你想象中的样子，你会怎么办？

我有个朋友叫小赵，是个自由职业者，他最近选择了一个与众不同的度假方式——独自徒步武功山。

他背着一个大包，里面装满了徒步所需的装备，淡定地站在山脚下，等待着来自四面八方的目光和好奇。

“小赵，怎么一个人来徒步？不觉得孤单吗？”有人问。

小赵笑了笑，其实不只是他的朋友，连他的家人也都觉得他这次的决定有些出人意料。

小赵年轻有为，才华横溢，身边总是围绕着许多朋友和机会。他曾是都市中的佼佼者，但他却选择了一条少有人走的路。

他曾经有个很好的工作机会，在一家大公司担任高管，但他却放弃了，选择了自由职业。许多人都不理解，觉得他是疯了，但小赵却从未后悔过。

他曾遇到一个很漂亮的女孩，那女孩聪明、独立，是个完美的伴侣。但她希望小赵能放弃他的自由职业，和她一起在大城市里打拼。

小赵犹豫了，他喜欢这个女孩，但他更喜欢他现在的生活方式。最终，他选择了放弃那段感情。

“你不后悔吗？”我问他。

他摇了摇头：“人生路上，最重要的是跟随自己的心，而不是别人的期望。”

小赵按照自己的方式生活，徒步武功山，不是为了证明什么，而是为了寻找内心的平静和真实。

别人觉得他疯了，但他知道，真正的人生，是勇于追求自己的梦想，而不是活在别人的评价里。

心之所向，胜过万千繁华

人生路上，心之所向，胜过万千繁华。我们既要忠于现实，更要忠于自己。

小李，一个平凡的青年，作出了一个不平凡的决定：他卖掉了自己的公寓，换购了一辆房车。经过精心的改装，他踏上了为期半年的自驾之旅。

旅途中的风景被他一一捕捉，化为一张张精美的摄影作品。当他在社交平台上分享这些作品时，引来了众多粉丝的关注和私信。

许多人表示羡慕他这种自由自在的生活方式，甚至有人表示也想效仿他，放弃现有的工作，买辆房车，开启一场随性的旅行。他们向小李寻求建议，希望他能指点迷津。

然而，小李对这些热情的询问却持有谨慎的态度。他说："我鼓励大家追求自己的梦想，但在作出决定之前，一定要深思熟虑。我不想看到有人因为一时的冲动而作出选择，最后却发现自己并没有准备好。"

我完全能理解小李的担忧。就像我也经常收到读者的询问，他们想知道我对放弃稳定工作去大城市闯荡，或者离开熟悉的环境去追寻梦想有什么看法。

我总是告诉他们，无论你选择哪条路，最重要的是找到那条能让你感到快乐和满足的路。如果你选择回归田园，那么你能从耕种中找到乐趣吗？如果你选择奔赴大都市，你能在繁忙的工作中找到属于自己的价值和快乐吗？

同样，如果你也想像小李一样卖掉所有家当换一辆房车四处旅行，那么你是否已经做好了面对生活中各种挑战的准备？你是否能在没有稳定收入的情况下依然保持对生活的热爱和追求？

真正的幸福既需要我们对现实的认知，也需要我们对自我需求的了解。我们所向往的生活不是一场短暂的表演，而是需要我们用心去经营和维持的。

因此，作决定时最重要的不是你听了谁的建议，而是你真正了解自己内心的需求和期望。只有你自己才能为自己的生活负责，也只有你自己才能找到那条最适合你的道路。

【转念心法】

在青涩的年少时光，我们往往难以把握爱的方式。

曾经不顾一切地追求，却感到攀登之路如此艰辛。

静待爱情的降临，却又觉得这种等待缺乏真挚的情感交流。

选择一段感情，或者选择一个城市，最初的激情与乐趣总是在不经意间流失。

有时会自我怀疑，是否自己本就不是一个长情的人。明明起初对对方抱有好感，但随着时间的流逝，内心却开始产生抵触和逃避。拒绝、后悔，甚至想要找个借口逃离。

然而，当成功逃离后，随着时间的流逝，又开始怀疑是否错过了生命中最对的人和最美的风景。

在这样的反复纠结中，我们经历了无数次的煎熬，生活的节奏被打乱，我们变得迷茫而焦躁。

但随着时间的流逝，生活的细节逐渐填充了我们的日常，所爱之人也变得更加具体，我们开始领悟到生活和爱情的本质。

真挚的爱情需要双方的探索与磨合，保持各自的独立与自由，充满期待与波澜，同时建立起始终如一的信任。

而充实的生活则需要我们发自内心地热爱，不为炫耀，不为比较，不为外界的赞许。即使与全世界失去联系，我们依然能够珍爱自己，热爱生活，从身边的一草一木中感受到实实在在的满足与快乐。

这样，我们才算得上是忠于自我。

这样，我们才能真正地以自己喜欢的方式度过一生。

CHAPTER 4

第四章

醒觉：人生是一场越玩越熟练的游戏

在生命的广阔舞台上，我们每个人都是一位玩家，参与着一场无法预知结局的冒险游戏。这场游戏没有明确的攻略，每一次选择都可能开启新的剧情，每一次失败都是一次重生的机会。人生就是这样一场越玩越熟练的游戏，我们在不断的尝试与挫折中汲取经验，用智慧和勇气去迎接每一个挑战。心中热血未凉，我们就不惧失败；戒掉所有不堪，我们便能抵御伤害；驮住无数日落，我们将不再孤独；见过曾经花开，便无惧未来的遗憾；当我们披上岁月的铠甲，坚定前行，通关的喜悦定会在前方等待我们。现在，就让我们携手进入这趟冒险旅程，看看这场人生的游戏将如何展开。

心中热血未凉，就不怕失败

莫言说："只有经历过失败的人，才能真正明白成功的滋味。"

在人生的征途上，挑战与困境无疑是常态。或许是职场上的失利，或许是人际关系的错综复杂，这些都可能使我们心情低落，甚至怀疑自我。

当我们细心观察那些站在成功之巅的人们，不难发现他们身上的显著品质——专注、坚韧、决心与热情。然而，在这些品质中，最为引人注目的，却是他们对失败的独到见解与处理方式。

对于许多人而言，失败犹如一道无法逾越的鸿沟，他们沉溺于自我否定与悲观情绪中，让失败成为止步不前的借口。诸如"我不够格""他们并不喜欢我""我注定是个失败者"等负面自我评价层出不穷，最终导致他们选择逃避，不愿再次面对挑战。

而那些成功人士，却以截然不同的视角看待失败。他们深知，失败并非终点，而是通往成功的必经之路。他们不会因一时的挫败而气馁，反而将失败视作激励自己前行的动力。每一次跌倒，都让他们更加明确自己的目标，坚定自己的信念。因为他们深知，每一次的失败，都意味着距离成功又近了一步。

每一次失败，都是通向成功的必经之路

在夜幕低垂的天际，一颗星星的暂时隐退，只为破晓时分更璀璨地登场；在寒冷的冬季，一朵朵雪花的轻轻飘落，预示着春天的到来和万物的复苏。

同样地，每一次的挫败，都是为了最终的胜利而做的铺垫。

它们就像磨刀石一样，不断地磨砺我们的意志，使我们变得更加坚韧不拔；它们也如同预演，帮助我们在人生的大舞台上更加自如地演绎每一个章节。

每一次的跌倒，都是我们成长的助力，都是我们走向成功

的必经之路。

美国著名的棒球运动员乔治·赫曼·鲁斯，被大家亲切地称为“鲁斯”“圣婴”“棒球之王”。从1914年开始，他便踏上了美国职业棒球大联盟（以下简称联盟）的征程，直到1935年退役。他被誉为美国棒球史上最为杰出和伟大的球员之一。他曾是联盟最有价值的球员，他创下了6次联盟最佳击球手、12次全垒打冠军的辉煌纪录。更值得一提的是，他曾带领纽约洋基队7次夺得联盟冠军，并4次捧起世界大赛的奖杯。即使在退役多年后，他依然在击球率、得分和全垒打等关键数据上名列历史前茅。在那个没有类固醇、赛季相对短暂的年代，鲁斯所取得的成就至今仍无人能及。

然而，即便是如此伟大的鲁斯，也曾因多次被三振出局而闻名。事实上，他三振出局的次数超过了同时代的所有其他选手，甚至创下了高达1330次的三振出局纪录。因此，有人戏称他为“三振出局之王”。

但鲁斯对三振出局有着独特的看法。他说：“每一次挥空都让我离下一次全垒打更进一步。”他还说：“不要让对三振的恐惧阻止你踏上击球区。”“我来告诉你如何打出一记全垒打。

我会尽全力挥出球棒，试图让球棒击穿棒球。每次挥棒我都会竭尽全力，要么击中球飞得远远的，要么挥空。我喜欢这种全力以赴的生活方式。”他的这些话语无疑给我们上了生动的一课。

我们来看鲁斯所经历的一场扣人心弦的比赛。当比赛迈入第九局，洋基队以一分的差距暂时落后。关键时刻，一人已上垒，两人出局，而接下来轮到的击球手，正是传奇人物鲁斯。投手发出第一个球，鲁斯迅速挥棒，但遗憾的是，球并未被击中。

每一次挥棒都关乎着胜负，每一次失误都可能使比赛走向另一个方向。投手再次投球，鲁斯再次挥棒，然而结果仍然是未能击中。

在经过短暂的调整后，鲁斯重返击球区。此刻的这一球，将决定整场比赛的胜负。投手投出关键的一球，鲁斯集中全力挥棒。这一次，他终于击中了球！球如同一颗流星般，以一道优雅的弧线飞越栅栏，形成了一记震撼的本垒打。洋基队成功逆袭，赢得了比赛！

赛后，一位记者走向鲁斯，好奇地问道：“比赛已经到了第九局，两人出局，你也已经两次挥空，当时你面临的压力肯定极大。你究竟是如何做到的？你当时的心情是怎样的？”

鲁斯淡定地回答：“我深知自己的实力，前两次的挥空让我更加确定，下一次我一定能击中。”这个道理同样适用于生活，没有经历挫折和失败，就不可能获得真正的成功。这就是鲁斯对失败的理解，也是我们每个人都应该学习的态度。

如果我们能学会像鲁斯一样勇敢地面对失败，我们也必将取得与他相同的成功。在成功的道路上，失败是不可避免的。你必然会遭遇拒绝，在成功之前从未经历过拒绝是不可能的，但每一次的拒绝都会使你离成功更近一步。鲁斯的名言“你无法打败一个永不言弃的人”就是我们需要铭记的真理。

再举个例子，一位创业者在开创自己的企业时，面临了多方面的挑战：市场竞争如战场，资金捉襟见肘，甚至合作伙伴也选择离他而去。但他并未因此屈服，而是选择了坚守与奋斗。他将每一次的挫败视为教材，灵活调整商业策略与运营模式。经过持续不断的努力，他的公司终于拨云见日，取得了辉煌的成就。

可见，失败并非终点，而是通往成功的桥梁。正是通过失败，我们才能更深刻地认识自我，发掘问题的根源，并探寻有效的解决方案。每一次的挫败都蕴藏着宝贵的经验，它们助力我们成长、进步，并塑造出更加坚韧与聪慧的自己。

【转念心法】

失败其实并不可怕，真正重要的是我们能否从中学习，不断完善自我。只要心中热血未凉，就不会惧怕任何失败。因为那份热血不仅是我们勇往直前的动力，更是我们坚持不懈的信念。而每一次的挫败都为我们提供了成长和进步的机会，它们如同一面镜子，让我们更清晰地认识到自己的长处和短处，为未来的挑战做好准备。

当然，保持积极的心态和坚定的信念至关重要。成功除了需要努力和耐心，更需要坚信自己的能力，并持之以恒地追求自己的目标，深信自己有能力战胜一切困难。

最后，若有朝一日有机会获得成功，不要忘了与他人分享这份喜悦，并积极回馈社会。成功并不仅仅是个人的荣耀，它更应该被看作一种可以与他人共享、为社会带来价值的资源。

只有真正经历过失败的人，才能深刻体会到成功的甜美，才能更加珍视和体会到成功的滋味。我们要做的就是摒弃骄傲与浮躁，成为那些能够静心学习、不断进步的人。我们坚信只要脚踏实地、稳扎稳打，命运终将向我们露出微笑。

放下所有不堪，就不怕伤害

我们常常听到一种说法：“要感谢那些伤害过你的人，因为他们让你变得更加成熟和强大。”这种观点似乎是在倡导宽容与大度，将过往的伤害视为成长的催化剂。的确，也许有人能够做到原谅对方，放下过往，并从中汲取力量，我们欣赏并赞佩这样伟大的胸襟。但如果做不到这些，那也是理所当然。因为每个人的心路历程都是独特的，每个人也都有自己的选择和底线。正所谓“未经他人苦，莫劝他人善”。我们大可不必强迫自己去感激那些伤害过我们的人。有时，对过去的过度感恩戴德是对自身成长的一种轻视。

我们从小多被教导“以德报怨”，但孔子的原话实际上是“以德报德，以直报怨”。这意味着，对于给予我们善意的人，我们应以善意回报；而对于那些伤害我们的人，我们则应保持正直，不为他们的行为所动摇。

当然，我们并不是要刻意去“记恨”造成我们某一段伤害的人，也不是一定要证明给对方看今后的我们有多成功。而是要明白，当一个人真正变得强大时，他就已经让曾经受到的伤害变得云淡风轻，他就早已经放下那些不堪的过往与自己和解，他就已经强大到不再惧怕伤害，也无人能再轻易伤害他。

善良是一种选择，伤害是一种成长

村上春树说：“当你穿过了暴风雨，你就不再是原来的那个人了。”

不经一事，不长一智。人生在世，总要经历一些事情才能迅速成长。只不过这种“成长”是基于自己的选择，是有前提的。

试想，面对伤害，一个人的自然反应是什么？

从“感谢”与“伤害”的字面意思来看：感谢，是源于内心的感激之情，当我们获得他人的帮助、鼓励或恩惠时，我们会用言语或行为来表达这份谢意；而伤害，则是指那些试图用言语或行为去损害他人身心健康的不轨甚至不法行为。

显然，受到伤害时，我们会感到痛苦和不适，这是身体和心理的自然反应。受到伤害往往伴随着负面的情绪，影响我们的正常生活，甚至可能造成长期的负面影响。因此，躲避危险、回避伤害是我们的本能反应。

在过往的咨询工作中，我曾遇到过许多情感障碍的来访者。他们中的一些人长期受到伤害尤其是情感的伤害。有些伤害，真的让人无法再次面对。我们不去报复伤害过自己的人，就已经是对自己的仁慈了，更别提原谅了。而那些想与你和解的“坏人”，往往是只是因为你已经强大了。而一旦你再次变得弱小，他们还会肆无忌惮地伤害你。因为有些人的本性很难改变，有些坏人永远不可能变成好人。

我曾见证过一场由爱生恨的纠纷。一名咨询者林木梓在得知交往五年的男朋友出轨后，愤怒之下砸了他家的锅碗瓢盆，还砸伤了他。没想到，理亏的男朋友竟然报警了，结果木梓还得赔偿他。她哭着向身边的朋友借钱去赔偿损失费和医疗费时，有些朋友劝她大度一些，但我却认为，对她男朋友这种人客气就是纵容恶人。

在我读大学时期，有一位名叫林晓的同学，她来自南方一个贫困的农村家庭，这个原生家庭给她带来了深重的伤害。人们常说农村人淳朴善良，但并非所有农村人都如此，至少她的父亲不是。林晓的父亲深受重男轻女思想影响，因林晓的母亲连续生下两个女儿，并在怀着第三个孩子时因流产而不能再生育，他便将所有怨恨归咎于林晓的母亲，最终选择离婚。

林晓的姐姐早早辍学，而林晓凭借优异的成绩，得以继续学业。自读初一时父母离婚后，林晓再未见过父亲，也未从他那里得到过一分钱。她和母亲在外受人欺凌，父亲却从未露面。

幸运的是，林晓凭借自己的努力考上了一所好大学。毕业后，因成绩优异且能吃苦耐劳，她找到了一份好工作。然而，此时她的父亲却找上门来。林晓选择避而不见，却遭到同事的指责，说她忘本、不孝顺。有些知情者也劝她放宽心胸，大度一些。但林晓深知，那些曾经受到的伤害如同尖刀扎心，让她对婚姻充满恐惧，对未来感到绝望。

有些伤疤永远无法愈合，一旦你忘记，很可能还会二次受伤。

在这个世界上，没有人能够完全对另一个人的遭遇感同身受，我们不应期望那些曾经伤害过我们的人能够真诚地道歉。有时，“感谢痛苦”不过是一种自我安慰的方式，我们更应警惕那些试图用道德绑架我们的人。“鸡汤”再好喝也要适可而止，防止喝多了“中毒”。人生在世，善良与宽容固然是宝贵的品质，但绝不意味着我们应容忍无端的伤害。苦难，虽然有时无法避免，但它绝非成功的必要条件。苦难之所以存在，更多是因为我们无法避免生活中的波折，而非它是成功的必经之路。一味地将苦难视为恩赐，实际上是在贬低自己的努力和坚持。

客观来说，我们应该理性地看待伤害与成长的关系。虽然有些人在经历伤害后能够变得更加坚强和成熟，但这并不意味着每个人都应该或能够感激伤害过自己的人。更重要的是，我们应该学会保护自己，避免受到不必要的伤害，并在受到伤害时寻求适当的帮助和支持。

讲到这里，相信你已经豁然开朗。而如果我们一定要感谢，那究竟该感谢谁呢？

第一，自己——感谢自我成长的不易。

我们的成长，源于自身面对挫折时坚韧不拔的力量，而非他人带来的伤害促使我们成熟。成长与改变，并不意味着释怀了过往的伤害。成长之后，我们应当感激并认可自己，而非将成就归功于那些曾伤害我们的人。别忘了在当初是你自己为自己作出了决定，勇于冲破束缚，才而让自己愈发坚强。如今首要之务，是感谢自己勇敢地迈出了这一步。

正如《一代宗师》中的宫二，她凭借坚韧不拔的毅力，最终战胜了马三。当马三说“我把宫家的东西还了”时，宫二坚定地回应：“不是你还的，是我自己拿回来的。”这一幕，不仅展现了宫二的勇敢和坚持，也告诉我们，真正的成功来自自身的努力和争取，而非他人的施舍。

第二，支持我们的人——感谢他们在我们的成长道路上给予的助力。

经历风雨后，若要感恩，请铭记那些对你伸出援手、真正拉你上岸的人。很多时候，一个人从困境中走出或受伤后重新站起，往往离不开他人的帮助。有人在遭遇嘲讽时，得到了他人的安抚与支持，甚至有人站出来助他们走出阴霾。这些人才是最值得我们感激的。当一个人历经挫折，又在他人帮助与支持下重新站起时，其内心的成熟与坚强将显著提升。这一切的成长，都离不开那些在成长道路上支持我们的人。

我们真正应当感谢的，除了自己，就是那些在成长路上给予我们帮助与支持、为我们雪中送炭的人。是他们，共同铸就了今天的我们。

过去无法改写，但它铸就了更加坚韧的自己。当有一天你开始确信自己放下了所有不堪时，再感谢每一处伤疤也不迟。我们要感谢那个对未来始终抱有希望的自己，让如今的自己更加坚强，步伐更加坚定。

【转念心法】

人生，是一个逐渐学会放下的旅程。

有些东西，你越是紧握不放，它们流逝得就越快；有些人，你越是难以割舍，他们离你而去的脚步就越决绝。对于过往的伤痛，有人曾淡然地说："那不是原谅，只是随着时间的推移，我们学会了释然，学会了放过自己。"很多时候，这种"原谅"和"放过"是一种假象，通常只是因为无力改变，也无心再争执；虽然不愿想起，但也无法彻底忘记。

当我们遭遇伤害时，提升个人看问题的维度，进行升维至关重要。这不仅能帮助我们摆脱当前的情绪困扰，更能让我们从更高的层次审视问题，避免与伤害者陷入无谓的对抗与纠缠之中。

若我们始终停留于原有的思维层面，往往会深陷于过往的不甘与委屈之中，无法自拔。但当我们以更高的视角审视整个情况，清晰洞察事情的真相，那些曾经的困扰便会如同冰雪在阳光下消融。

而当你真正看清了自己的内心，也理解了对方的心理，对于曾经的伤害者，就会觉得他们的行为变得如此可笑。因为此时我们已经站在了更高的维度，拥有了更多的能量，也拥有了更宽广的视野。

当我们达到这样的认知高度，无视与不屑便成为对低能量行为最直接的拒绝。我们拒绝让这样的人进入我们自己的世界，因为他们的行为与我们追求的价值观格格不入。如同狮子不会在意苍蝇的骚扰，我们也不被为这些低能量的行为所侵扰。

拥有这样的认知后，我们就可以更加专注于自己的生活，将宝贵的时间和精力投入到更有意义的事情上。我们永远是自己世界的主宰，有权利选择让哪些人进入自己的生活。只要我们保持坚定的信念，那些低能量的人便无法对我们产生任何影响，我们自然也就不再害怕任何伤害。

此刻，你是否已经感受到，那些曾让你感到委屈和负能量的情绪，已经被你内心的强大能量所消解，化为无形了呢？

愿你浅尝岁月，无惧尘埃是非。

驮住无数日落，就不怕孤独

在这个快节奏的时代里，人们被工作和社交的旋涡所裹挟，往往难以抽身。然而，当夜幕降临，喧嚣退去，一种深深的孤独感便悄然涌上心头。我们躺在床上，凝视着无边的黑暗，突然意识到这个世界如此辽阔，而自己却是如此渺小和孤单。

孤独，是人类情感中的一片特殊领域，它源于对生命和存在的深刻思考，源于我们终将独自面对生活的现实。在我的生活中，孤独也时常与我相伴。

年幼时，我对于孤独的理解尚显模糊。那时，我生活在家人和亲友的温暖怀抱中，每天都充满了欢声笑语。然而，随着年岁的增长，我逐渐接触到更广阔的世界，也开始体验到孤独的感觉。

成长的过程中，我逐渐明白，孤独并不仅仅是身处人群中的孤独，而是一种内心深处的沉默与思考。我可以在喧嚣的社交场合中谈笑风生，可以在娱乐活动中暂时忘却烦恼，但当我回到寂静的房间，放下手中的手机，便能清晰地听到自己的呼吸声，感受到那份孤独的存在。这种孤独是他人无法消除的，只有通过与自己的对话、思考和反省，我才能找到心灵的慰藉和解脱。

在孤独的夜晚，我学会了倾听内心的声音，思考人生的意义和价值。我逐渐明白，孤独并非一种负面的情感，而是一种可以让人成长和升华的力量。它让我更加珍视与他人的关系，也让我更加深入地了解自己。因此，我将孤独视为生命中的一部分，与之和谐共处，共同成长。

这世间过于喧嚣，唯有孤独恒常如新

禅宗流传着这样一则寓言。小徒弟时常向师父抱怨："我心不安，我心不安。"他感到心中慌乱，无法专心于功课。师父听后，拿起一把刀，微笑着说："若心不安，何不将其取出，我来为你安一安。"当然，心无法直接取出，这不过是师父的机智教诲。

我们的心，本就长存于我们体内，为何会不安呢？很多时候，是因为我们被内心的寂寞驱使，不断向外寻找那些本已拥有的东西。然而，当我们意识到一切本在自身，这种无休止的追寻反而使我们更加迷茫和慌张。

孤独与思维之间的关系亦是如此。当我们开始正视并接纳孤独的圆满性时，我们的思维会渐渐变得清晰和深入。

在现今的社会中，无论是城市、岛屿，还是政治与媒体，孤独似乎成了一种稀缺的品质。我们渴望那些能够短暂展现孤独思维的领袖，如同释迦牟尼在菩提树下静坐，只需一个简单的动作，便能传达深远的智慧。

在《语言孤独》中，我们探讨了语言的局限性，过多的言语往往带来误解、偏见和纷扰。此时，孤独的力量显得尤为宝贵，它能让我们沉淀内心，达到一种清明的境界。

如同平静的水面能够清晰地映照外界，当我们的内心处于孤独而沉淀的状态时，我们的思维也会变得清晰和冷静。尽管我们无法完全消除内心的杂质，但我们可以让它们沉淀，从而使自己达到一种清明和宁静的状态。

因此，孤独并非一种负面的情绪，而是一种可以让我们成长和升华的力量。通过静坐或冥想，我们可以找回那份清明与宁静，让思维更加清晰和深刻。

马尔克斯的《百年孤独》中有这样一句话："生命中所有的灿烂，终将用寂寞来偿还。人生终将是一场单人旅行。一个人的成熟，不是你多么善于交际，而是学会与孤独和平相处。孤独之前是迷茫，孤独之后便是成长。"

人生，本质上是一场与自我相伴的旅程。生命中的每一份辉煌，终将在内心的寂静中得以沉淀。一个人的成熟，并非取决于他如何擅长社交，而是看他是否能与孤独和谐共处。孤独，起初或许是迷茫的，但随后它带来的，是深刻的成长。

烟花虽美，却短暂；真正的灿烂，在于内心的宁静与自我发现。我们一直在追寻着能与自己灵魂相契合的人，但最终明白，最能与自己共鸣的，还是那颗始终伴随我们的心。

不合群，有时只是外在的表象；真正的孤独，是内心的独立与自由。德国作家赫尔曼·黑塞曾言："真正的职责是找到自我。"在繁华与喧嚣中，我们容易迷失自我，而孤独则是找回自我的必经之路。

一个人，一盏灯，一本书，这便是属于自己的世界。在这里，我们可以倾听内心的声音，追寻真实的自我，体验真正的自由。没有精神的寄托，人便如同浮萍，随波逐流，无法自主。

孤独并非无人相伴，而是内心的富足与独立。它是灵魂的狂欢，是思想的飞翔。叔本华曾说："只有独处时，人才能完全成为自己。"孤独让我们更加了解自己，更加珍惜自己的存在。

没有孤独，就没有真正的自我；没有孤独，就没有深刻的成长。孤独，是我们成长路上的伙伴，是我们心灵的庇护所。只有学会享受孤独，我们才能更加独立、更加坚强。

当别人不再需要我们时，我们应学会优雅地转身，给自己留下尊严。独处时，我们可以修行内心，磨砺意志，为未来的挑战做好准备。孤独之前是迷茫，孤独之后便是成长与蜕变。

晚清名臣曾国藩曾言："自修之道，莫难于养心；养心之难，又在慎独。"孤独中的修行，是人生的必修课。在孤独中，我们可以聆听智慧的声音，感悟生命的真谛。

孤独者，往往是思考者。他们通过思考，探索世界的奥秘，追求真理的极致。孤独时，思想得以放飞，心灵得以净化。回首过往，我们会发现，一切智慧与力量，皆源自内心的孤独与自我探索。

《杨绛传》中写道：“人生的最高境界，是学会孤独，享受孤独。”这是一种超脱与自在的境界，是我们心灵的归宿与依托。让我们珍惜孤独的时光，品味生命的美好，在孤独中成长与升华。

【转念心法】

生活中，我们都曾经历过孤独的时刻。或许是因为工作、学习，或许是其他原因，我们暂时离开了人群，独自面对生活。但请相信，这些孤独的时光，都是我们成长的垫脚石。它们让我们更加独立、更加坚强，也让我们更加珍惜与他人的相聚。

当我们提及村上春树，总会想到他那充满孤独与疏离感的小说世界。他的作品，像一面镜子，映照出我们内心的孤独，却又以独特的韵味告诉我们：孤独，并不可怕。

村上春树在创作中找到了自己的世界，他不怕与外界隔绝，因为他知道，孤独并不等于寂寞。相反，孤独是一种自我发现、自我成长的旅程。他告诉我们，孤独时，我们更应关注自己的内心，聆听自己的声音。

孤独，并不意味着我们要与世隔绝。我相信，当你驮住了无数日落，就不怕孤独，而是在孤独中找寻力量，学会在喧嚣中保持内心的宁静，成长为更好的自己。

在面对孤独时，不要害怕，不要逃避，试着去接纳它、拥抱它，让它成为你成长路上的伙伴。当有一天，你真正爱上孤独、享受孤独时，就会发现，孤独并不是一种酷刑，而是一种享受。在孤独中，你可以感受到时光的静谧、岁月的沉淀，也可以找到那个真正的自己。

见过曾经花开，就不怕遗憾

生活没有固定的模板，知足与快乐便是最真的幸福；人生无须遵循既定的轨迹，潇洒与如意就是最美的风景。夏天期待秋天的凉爽，冬天渴望春天的温暖，时光就这样在苦与甜、失望与希望中悄然流逝，而我们也在其中逐渐成熟。

岁月无情地流逝，却以独特的方式雕琢着每个人的生命。尽管人生路上充满了琐碎与纷扰，我们仍不懈地追寻着那一束属于自己的光芒。

小时候，我们曾天真地以为成长能解决问题，如今才明白，成长的道路本身就是一个不断面对问题与挑战的过程。人生并没有完美的答案，每一次选择都是对自己的一次考验和成长。

人生路上，不妨换个角度欣赏风景，你会发现美无处不在；

换个心情看待人生，你会发现快乐其实就在身边。

古语有云：“物物而不物于物。”在人生的旅途中，如果我们能学会放下对物质的执着，不为外物所牵绊，不畏将来、不念过往，便能更加自由地驾驭自己的生活。不要害怕失去，因为那些不属于你的终究会离你而去。欣赏过花开的美好，便已足够。

遗憾，有时也是一种成全

在国内综艺节目《奇葩说》的舞台上，面对“是否应该为了另一半放弃一切前往大城市”的议题，辩手詹青云以温柔的语调、细腻的情感，编织了一个个动人的故事，不仅触动了导师蔡康永的内心，让嘉宾热依扎泪目，也令无数屏幕前的观众深感共鸣，眼眶湿润。

生活中，我们或多或少都曾面临过情感与现实的抉择：

临近毕业，恋人想去繁华的都市追寻梦想，而你则希望回到家乡稳定生活；异地恋的艰辛让你在爱与自由间犹豫不决；父母的期盼与伴侣的职业发展相互冲突……当个人的目标与伴侣的规划产生分歧时，我们该如何权衡？

回望过去，你是否曾为当初的选择感到庆幸或感动？是否也曾在心中默默地问过自己：“为什么要在最好的年纪离开你？”

詹青云在备战哈佛大学的日夜里，与男友因为对未来的不同选择而渐行渐远。异国他乡的生活充满了挑战，无论是学业的压力，还是独自面对生活的琐碎，她都未曾流泪。然而，当她走在波士顿的街头，看到落叶纷飞，那份对逝去爱情的怀念和遗憾，却让她无法抑制内心的情感。

那一刻，即使是见多识广、情感深沉的蔡康永也为之动容，摘下了眼镜，轻轻拭去眼角的泪水；一向坚韧果敢的热依扎也转过身去，用纸巾掩面，泪水滑落在手背上。这些真挚的情感流露，让我们深刻体会到爱情与选择的复杂与艰难。

当我们深入内心，感受到詹青云话语中的情感冲击时，我们或许都能体会到那种无法言喻的遗憾。然而，人生的残酷之处就在于，一旦有些人错过，便可能永远无法再次相遇。

在面临选择时，我们往往陷入纠结与挣扎，因为无论选择哪条路，都可能伴随着后悔。正如《再见金华站》中所言：“某天，你无端想起一个人，他曾让你对明天有所期许，但是却完全没有出现在你的明天里。”在青春年华，与深爱的人分别，无疑是人生中最难以言说的无奈。

然而，当我们审视评论区的观点时，发现人们更恐惧的或许是为自己深信不疑的爱情所背叛和抛弃。这种担忧让我们在面临选择时更加犹豫不决，害怕一旦放下一切选择了爱情，最终却一无所获。

正如另一位辩手马薇薇所说：“人生最痛苦的选择不是在对与错之间抉择，而是在两个错误选项中寻找我们更能承受的代价。”这一观点深入人心，引发了我们对于选择背后代价的深思。

虽然失去真挚的爱情令人痛惜，但我们也应该羡慕那些勇敢作出选择的人，如詹青云和热依扎，她们选择了当时最渴望的道路，并最终获得了自己梦寐以求的结果。试想，如果她们继续停留在原地，未能追逐梦想和更广阔的世界，或许她们现在所怀念的正是那些未曾实现的梦想。

人生总是充满了选择和遗憾，但重要的是我们如何面对这些选择。在得到想要的东西之后，我们或许会更加怀念错过的那一个，但这也是成长的必经之路。让我们学会珍惜眼前人，勇敢追求自己的梦想，即使面临选择带来的遗憾，也要坚定地走下去。

【转念心法】

人生之路，蜿蜒而曲折，我们在其中行走，难免留下遗憾的足迹。那些未曾触及的梦想，那些错过的机遇，虽似残缺的画卷，却也绘就了我们成长的轨迹。但生命中的失去与错过，常常在不经意间以另一种形式，以更加丰盈的姿态归来。我们无从得知，未曾选择的那条路是否更加美好，因为每一个选择都伴随着其独特的风景和经历。

回忆之所以动人，往往是因为它带着些许遗憾。这些遗憾，如同英雄故事中的悲剧元素，赋予了我们更强大的力量，激励我们不断向前。最好的年纪或许并非代表最好的自己，因为成长的过程就是不断成为更好的自己的旅程。

无论是在工作中还是在选择伴侣时，我们其实也在选择那个能够与我们共同成长、相互成就的人。没有人拒绝变得更好，因为我们都渴望成为更出色的自己。

世界广阔，人生短暂。有人或许一生未曾体验过深刻的爱情，而有人则在短暂的相遇中领悟了爱的真谛。与相守至白头相比，有时带着对方给予的爱，勇敢踏上新的旅程，同样是人生的美好篇章。

得到是幸运的，但失去也是人生的一部分。能够与某人共同经历一段热烈的爱情，已是此生无憾。若能在彼此的生命中留下痕迹，成为对方引以为豪的人，那么这相遇便是不负韶华。

世间的爱情，不在于爱的深浅或长短，而在于能否超越情感本身，成为彼此生命中的一份珍贵礼物。即使错过，也要带着那份爱，继续前行，活出自己的精彩。

披上岁月铠甲，就总会通关

如果用一件事来比喻我们的人生，你第一时间会想到什么？

依我看来，将人生比作一场游戏，实在是再恰当不过了。

从婴儿时期的蹒跚学步，到踏入幼儿园、小学、初中、高中，我们仿佛置身于一个巨大的游戏世界，不断面对挑战，攻克难关。

每一次升学考试，就像是一场游戏中的大 boss，考验着我们的知识储备和应对策略。我们不断学习新技能，提升自己的能力，只为达到更高的级别——“上大学”。

然而，进入大学后，我们突然发现，游戏并未结束，而是换了一个场景，难度也随之升级。我们需要不断储备各种技能，以应对生活中的种种挑战。每一本书的阅读，每一次经历的锻炼，都会成为我们成长道路上的宝贵财富，如同游戏中的装备，让我们变得更加强大。

随着时间的推移，我们脱下“学生”的战袍，换上“成年人”的铠甲，开始在社会这个更广阔的战场上战斗。没有了老师和家长的指引，我们需要更加主动地去争取机会，独自面对困难，学习新的职业技能，学会与他人合作，共同完成任务。

在这个过程中，我们学会了察言观色，懂得了人情世故；我们经历了昼伏夜出的生活，学会了冷暖自知。我们明白，独立是成长的必经之路，因为在跌倒时只有自己才能扶起自己。

更重要的是，我们学会了在人生的分岔路口作出选择。这些选择，或许艰难，或许迷茫，但每一次选择都是对我们内心的一次考验，也是对我们人生的一次塑造。

虽然游戏与现实存在差异，但二者之间却有许多共通之处。生而为人，我们都在进行着一场打怪升级的旅程。只有不断学习、不断成长，我们才能在人生的道路上走得更远、更强大。

人生是一个通关打怪的过程

如同游戏玩家在闯关的过程中逐渐提升技能与装备，我们的人生也是一场持续不断的挑战与突破。每一道关卡看似艰难，但正是这些挑战塑造了我们的成长与坚韧。

为何我们总能一次又一次地战胜困难，闯过人生的每一道关卡？答案在于我们内心深处那股与生俱来的生存本能和不懈追求。这股力量驱使着我们不断前行，面对挑战不退缩，即使面临再大的困难，也始终坚信能够跨越。

可以说，人生就是一场接一场的闯关之旅。关关难过，但只要我们保持坚定的信念和不懈的努力，关关都能过。

第一关：塑造自我角色。

盲目迎合他人只会让我们失去自我。在成长的道路上，孤独是常态，但正是孤独让我们有机会更深入地了解自己。不要害怕孤独，选择成为你心中那个最真实、最坚定的角色。保持初心，坚定目标，走好你的人生之路。

第二关：优先处理关键任务。

生活充满了选择和诱惑，但我们需要学会分辨哪些是最重要的事情。就像游戏中的选择，我们需要权衡利弊，作出明智的决策。把时间和精力投入到自己擅长并热爱的领域，坚持下去，你会看到不一样的风景。

第三关：明确目标，勇往直前。

梦想和激情是人生的动力源泉。但更重要的是，我们需要知道自己要走向何方，并坚定不移地朝着目标前进。不要被外界的干扰和诱惑动摇，相信自己的选择，并为之付出努力。

第四关：持续学习，解锁新技能。

生活不会因为我们的年龄而变得容易，但我们可以通过不断学习来提升自己。合理安排时间，利用年轻时的精力和热情，迅速提升自己的技能和经验值。你为目标所做的每一件事，都会成为你前进道路上的宝贵财富。

第五关：享受生活，保持最佳状态。

人生不仅仅是一场游戏，更是一场旅行。在追求目标的同时，不要忘记欣赏沿途的风景。要保持积极的心态，发挥自己的优势，与优秀的伙伴并肩作战。当遇到困难时，学会休息和调整，为下一次的挑战做好准备。同时，珍惜每一次与他人的相遇，让生命中的每一刻都充满意义。

如此看来，生活确实是一场游戏，前提是我们需要用智慧和策略去应对每一次挑战。把生活过成游戏，享受其中的乐趣和挑战，你会发现，原来生活可以如此精彩。

【转念心法】

生活中，欢乐与苦难并存。在逆境中，我们眼中虽含泪光，但内心却坚韧不拔，始终奔跑在追求梦想的道路上。这份坚持，源于心中那份永不放弃的信念，那份执着于自我实现的渴望。

人生就像一场游戏，不断闯关前行。每当回首过去，我们会发现曾经的难关如今看来不过如此。正是这些经历，让我们更深刻地理解人生的真谛，也让我们在成长中变得更加强大。不经历风雨，怎能见彩虹？只有历经苦难，我们才能品味到人生的甜美。

日升月落，每一天都是新的开始，也是昨天的延续。在这无尽的循环中，有人悄然离去，有人继续前行。这就是人生的关卡，每个人都要去面对。只有跨越了这些关卡，我们才能站在阳光下，感受生命的活力；否则，我们将永远沉寂于黑暗之中。

电影《过昭关》中的一句台词道出了人生的真谛："人生就像过关，关关难过，关关都要过。"

是啊，无论是晴空万里还是风雨交加，无论是鲜花满园还是荆棘密布，我们都要勇敢面对，积极应对每一个挑战。即使身心疲惫，泪水涟涟，只要我们坚持下去，就能迎来胜利的曙光。

如此看来，生活就是一场闯关的旅程。我们会在每个十字路口遇到意想不到的坎坷和未知的变数。但只要我们选择勇往直前，披荆斩棘，就能战胜一切困难。无论前方是崎岖小路还是康庄大道，只要我们坚守信念，追逐梦想，不忘初心，勇敢前行，用力生活，用力去爱，就没有什么能够阻挡我们前进的脚步，哪怕游戏没有最终局，再多的关卡又何惧它！

CHAPTER 5

第五章

行歌：好事总在转弯处，
勇敢的人先享受世界

在生命的旅途中，我们都是自己命运的主宰，无论前方是崇山峻岭还是浩瀚汪洋，只要心中怀有那份灿烂的决心，就没有什么能够阻挡我们前进的步伐。

生而为人，我们首先应当取悦的是自己，而非为他人所困。我们手持烟火以谋生，心怀诗意以谋爱，在平凡的日子里寻找不平凡的意义，用爱和热情去拥抱这个世界。

然而，人生之路并非一帆风顺，我们总会遇到各种挫折和困难。但请记住，这些只是生命旅程中的一部分，它们让我们更加坚韧，更加明白自己的价值和追求。让我们放下过去的包袱，不念过往，不忧未来，专注于当下的每一步，用踏实的行动去书写自己的精彩人生。

踏歌前行，不畏将来，不念过往。让我们带着一颗勇敢而坚定的心，继续在这个世界上追寻自己的梦想和幸福。因为，我仍然喜欢着这个世界，喜欢它给予我的每一个挑战和机遇。

若你决定灿烂，山无遮，海无拦

在人生的浩瀚宇宙中，我们每个人都是一颗璀璨的星辰。或许我们有时会被生活的云层遮蔽，但只要内心深处那份光辉不灭，便能驱散阴霾，照亮前行的道路。就像央视主持人撒贝宁曾说过的那样："若你决定灿烂，山无遮，海无拦。"当我第一次听到这句话的时候，它给予我无尽的鼓舞和力量，也令我想起一件往事。

曾有一次，挚友阿杰问我："你现在是否已然超脱，烦恼全无，每天就是写作浇花？"我微笑回应："烦恼依旧，但或许已如星辰，偶尔闪烁，而非时常笼罩。我仍身处这繁华世界，品味着四季的变迁，春耕夏耘，秋收冬藏。生活之路，有时如同悬崖之上的钢丝，行走其上，难以预料何时会遭遇挑战，因此，当脚踏实地时，切莫过早放松警惕。”

将这一感悟融入日常，我渐渐明白，无人能够一生风平浪静，没有谁的生活是四平八稳的。即使是那些看似超脱红尘的修行者，他们内心的纷扰也未必少于我们这些在世俗中挣扎的凡人。也正是如此，我们每个人都应有面对生活打击的勇气和准备，如同在悬崖钢丝上行走，时刻调整呼吸，紧握平衡杆，小心翼翼地前行。有如此般行走的动力，必定会少了顺境时的得意忘形，狂妄自大；而在逆境时，则多了能承受沮丧与崩溃、驱散阴霾的力量。

在我成长的过程中，谈及世间的困顿与烦扰，母亲反复对我说过：“孩子，你已经历过那么多艰难困苦，如今这些小事，又怎能让你退缩？”也有很多人说：“世间除了生死，皆是闲事。”然而，正是这些看似微不足道的“闲事”，构成了我们人生的丰富多彩和心境的变迁。它们或许让我们被动地应对挑战，或许让我们在黑暗中摸索前行，但正是这些经历，让我们更加坚韧、更加成熟，最终成为更好的自己。

前提是你要始终有一颗“即便羽翼被折断也要勇敢飞翔”的心。

即便羽翼被折断，也要有一颗勇敢飞翔的心

假若把我的生命按照十年一个节点来划分，那么在每一个十年里，总会有那么几件事情，对我来说既重要又充满意义。然而，这些事情的过程往往都不是一帆风顺，甚至是充满了波折和挑战。它们考验着我的身体和心理承受能力，让我在深夜中偶尔被未竟之事惊醒，却又不得不安抚自己继续前行。

与时间的竞赛中，我逐渐领悟到，除了面对和接受这些挑战，我们别无选择。无论是心理上还是情绪上的承受力，都需要我们去培养和强化。当事情的发展超出了我们的控制范围，尤其是当越来越多的人介入其中时，我们更需要以积极乐观的态度去面对和处理。

回顾过往的半生，我深深体会到：**人这一生，三分天注定，三分靠运气，而剩下的四分则需要我们不懈地努力和拼搏。如此一想，有些事情在当下看来可能是坏事，但事后却可能成为我们成长和进步的阶梯。它们磨炼了我们的意志，锻炼了我们的心境，让我们更加坚韧和成熟。**

可以说，人的成熟和冷静处世的能力，往往是在经历了一次次的挑战和波折后逐渐形成的，就像好事往往总是发生在走

了很长一段路后的转弯处，甚至发生在穷途末路之时。用老话说就是“物极必反”“船到桥头自然直”。

然而，在这个过程中，有些人可能会选择倾诉和抱怨，而有些人则选择以更加积极的方式去面对和解决问题。我曾遇到过一位企业家大姐，她每年都会找一个偏远的地方，独自驾车去释放自己的压力和情绪。她的做法让我深受启发，让我明白眼泪的愈疗力量是如此的强大。

生而为人，没有谁的路是一竿子撑到头。正所谓三十年河东，三十年河西，风水轮流转。但当你经历了足够多的逆境和事与愿违之后，也就对顺境和失意多了几分敬畏之心，更加珍惜今后的每一次成就和进步。同时，也会更加谦虚和谨慎，因为我们深知自己曾经在走过那段夜路时心中的起伏与落差。这些经历和落差无时无刻不在提醒我们那段夜路的艰辛与不易，承认曾经渺小的自己，心怀敬畏，继续在下一段旅途中行歌踏浪。

倘若命运是世界上最烂的编剧，也要努力做自己人生的导演

回过头再细细体味“若你决定灿烂，山无遮，海无拦”这句话。当你决定让生命摆脱平淡，向往那星辰般的光辉时，山

川与海洋都将不再是障碍。当你内心充满对梦想的渴望，整个宇宙都会为你铺路。就算你的人生拿到的是一个烂剧本，也要努力做自己人生的导演。

在人生的舞台上，一个普通的女孩莉丝用她的坚韧和勇气书写了一段非凡的篇章。面对生活的重重困境，她心怀梦想，矢志不渝地追求着心中的哈佛大学梦。她说："我渴望知识，渴望走进最高学府，为此我必须全力以赴，不留遗憾。"正是这份坚持和执着，让她最终从贫民窟的阴影中走出，踏上了通往哈佛大学的康庄大道。

她的故事被铭刻在书籍中，也被搬上了银幕，成为电影《风雨哈佛路》的感人篇章。她的事迹激励着无数在高考路上拼搏的学子，也给了每一个在困境中挣扎的人重新站起来的勇气。命运或许并不总是公平的，但我们可以选择成为自己命运的主宰，努力做自己人生的导演。

1.你才是自己在黑暗中的光明使者

莉丝的童年并不幸福，她生活在纽约的贫民窟，家庭贫困，父母沉溺于毒品的泥潭。然而，她并没有因此沉沦，反而更加珍惜生活中的点滴美好。在生活的苦难中，她学会了坚韧和乐观，用一颗感恩的心去面对命运的挑战。

她的父母虽然给她带来了无尽的痛苦和困扰，但她选择用爱去包容和理解他们。她记得母亲曾经给予她的温暖和关爱，也记得父亲在她小时候带给她的欢乐和启示。这些美好的回忆成为她战胜困难的力量源泉，让她在黑暗中找到了一线光明。

正如罗曼·罗兰所言："世界上只有一种真正的英雄主义，那就是在认识生活的真相后依然热爱生活。"莉丝用自己的行动诠释了这句话的深刻内涵。她没有被生活的苦难击败，反而用一颗热爱生活的心去拥抱世界，去追寻自己的梦想。

她的故事告诉我们，无论身处何种困境，我们都不能放弃对美好生活的追求和向往。因为在这个世界上，总有一种力量能够支撑我们前行，那就是对生活的热爱和对未来的信念。让我们也像莉丝一样，勇敢地面对生活的挑战，追寻自己的梦想，用爱和智慧去书写属于自己的精彩篇章。

2. 生命的价值在于自我赋予

在生活的旅途中，我们时常听到类似这样的话："上帝赋予我平静，让我接受不能改变的；赋予我勇气，让我改变能够改变的；赋予我智慧，让我发现事物的多面性。”莉丝在母亲离世后，没有选择沉沦，而是选择了自我救赎。她深知，自己不能再像过去那样浑浑噩噩，她要赋予自己的生命以新的意义。

于是，她下定决心重返校园，用两年的时间完成了四年的高中课程。这看似不可能的任务，她却以惊人的毅力完成了，不仅提前毕业，还以平均95分的优异成绩成为班级之冠。她用行动证明了，只要心中有目标，有勇气去改变，就没有什么是不可能的。

在追求梦想的路上，莉丝不仅要面对学业的压力，还要努力工作以维持生计。她每天背着沉重的书包，里面装满了课本、衣物和盥洗用品，但她从未抱怨过。她知道，这是她必须承受的，因为她选择了追求更好的自己。

有些人的人生或许有他人为其负重前行，但莉丝却选择了独自承担。她用自己的努力和坚持，证明了生命的价值不在于外界赋予，而在于我们如何赋予它意义。正如稻盛和夫所言：“成功和失败都是一种磨难，人生的目的和意义在于在经受磨难的过程中，不断提升自己的品德和人格。”生命本没有意义，它的价值在于我们如何赋予它。

3. 读书：跨越命运的门槛

在莉丝的人生轨迹中，始终有一道隐形的墙，将她与她所生活的社会、她所熟悉的贫民窟生活分隔开来。她曾以为自己会永远被这道墙束缚，但书籍的力量让她找到了穿越的钥匙。通过坚持不懈的阅读和学习，莉丝用知识打破了命运的枷锁，实现了从贫民窟女孩到哈佛大学学子的华丽转身。

莉丝用实际行动证明了，读书可以让我们看到更广阔的世界，让我们拥有更多的选择和机会。而与她一同成长的克里斯，却因为没有抓住读书的机会，被困在了生活的泥沼中，无法挣脱。可见，读书与不读书，过的是截然不同的两种人生。读书让我们在短时间内领悟到别人几年甚至几十年才能积累的经验和智慧。它让我们看到更多可能，找到存在的价值，赋予我们面对人生的底气和自信。正如莉丝的老师佩里所说："莉丝，不管你去哪里，你都会做到最好的。想想你要的生活，你已经有了。"这句话不仅是对莉丝的鼓励，也是对所有渴望通过读书改变自己命运的人的鼓励，也是大多数人跨越命运门槛的最佳途径。

无论伤痛或喜悦，都只是我们人生道路上的一段经历，而非决定成败的唯一标准。然而，无论走到哪里，过往的经历如同涓涓细流，滋润着我们的心灵，让我们在知识的海洋中不断成长。正如《大鱼海棠》中的台词所说："这短暂的一生，我们终将失去。但在此之前，不妨大胆去爱，去攀登，去追寻那心中的梦想。"

【转念心法】

当你决定要掌控自己的人生，不再随波逐流，而是渴望成为自己命运的主宰时，你就像一位导演，站在人生的舞台上，准备导演一出属于自己的精彩大戏。

在这个舞台上，你是主角，也是导演，山川与海洋都不过是你的背景，它们无法限制你的想象力，也无法阻挡你追逐梦想的脚步。正如那句名言所说："当你决定做一件事的时候，全世界都会为你让路。"你的行动效率，你的决心和毅力，都将成为你实现梦想的强大动力。

面对人生的逆境和挑战，你要有勇气去迎难而上，因为它们都是你成长的阶梯，是你展现实力和才华的机会。在这个过程中，你要用简单的心态去面对复杂的人生，不被外界的纷扰迷惑，保持内心的清明和坚定。

同时，你也要学会在独处中审视自己，了解自己的优点和不足，找到自己的方向和目标。只有当你真正了解自己，才能在生活中找到属于自己的位置，才能让自己的生命之花在舞台上绽放出最耀眼的光芒。

与其艳羡别人的人生，不如做自己人生的导演，勇敢地站在人生的舞台上，导演一出属于自己的精彩大戏，让生命在舞台上绽放出最绚烂的光彩。

快乐源自内心，而非天外来物

当你站在生命的舞台上，开始拥抱人生的更多可能，你会更加明白“做点什么，让生活逐渐变得更好”和“山不来就我我就山”的意义。即便山雨欲来，也不要总是固守原地看着阴沉沉的天空，等待暴风雨过境，哪怕要淋雨，也要学会在雨中跳舞，活到淋漓。那时你会发现，不管下一个路口等待你开启的盲盒是好事还是坏事，都无法再干扰源自内心的快乐与宁静。

快乐不是靠追求得来的，而是源于内心

曾经有段时间，我和好友小悦都深受失眠的困扰。于是我们想出了一个特别的办法：每当夜深人静，世界都沉入梦境时，

我们就通过视频连线，陪伴彼此进入梦乡。无论是讲述故事还是轻声哼唱，我们都是彼此在漫漫长夜中的温暖灯火，相互打气，告知对方无论何时入睡，都不孤单。

一天凌晨，小悦试探性地问我："你睡着了吗？"如果我恰巧清醒，我们就会开始聊天。她会向我倾诉生活中的不如意，而我会尽力给予安慰。但渐渐地，我发现她其实并不需要答案或解决方案，她只是需要在深夜找个出口，宣泄一下日间的压力和失落。

这样的状态持续了一段时间后，我突然发现自己已经能够安然入睡。小悦对此感到惊讶，她不解地问："你是怎么摆脱失眠的？"我笑着回答："我不再寄希望于别人来解救我，睡不着时我就读书或写作，直到疲惫不堪，自然就睡着了。"

她听后默然许久，然后有些失落地问："那我该怎么办？我又不爱看书，也不会写作。"我告诉她，能否摆脱失眠，与这些无关。她追问原因，我直言不讳地说："你总觉得生活无趣，日复一日，毫无新意，自然会失眠。"

她愣住了，然后问我："难道我以前不这样吗？"我点头，思绪飘回到几年前的一个午后。

那天，阳光透过窗户洒在她身上，她气冲冲地跑到我面前："我要减肥！"原来是有同事说她如果瘦一点就更完美了。我笑着问她是不是想撕烂那人的嘴，她却认真地拉着我一起制订了减肥计划。

我们互相监督，过午不食。开始的几天非常煎熬，但我们都咬牙坚持了下来。然而有一天，我偶然发现她竟然在偷吃泡面！她看着我惊讶的表情，大笑起来："我还是没能忍住，但我希望你能坚持住！"

以前的她就是这样一个人，总是充满活力，即使目标未能达成，也能从中找到乐趣。我告诉她："快乐不是目标达成后的奖赏，而是源于我们内心的态度。当你觉得生活有趣时，快乐就会无处不在。"

所以，当我们感到不快乐时，或许应该反思一下自己的心态。是不是我们过于追求外在的成就和物质？是不是我们忽略了内心的感受和需求？

人生的三重境界——阅己，越己，悦己

每个人的内心都隐藏着另一个自我，外在的自我面对世界的

纷繁复杂，展现出最得体、最坚韧的一面，以应对人生的曲折与坎坷；而内在的自我则负责平衡内心，小心翼翼地收藏我们所受的伤害、所经历的事情以及所有的情绪，并在静默中慢慢消化。

有时，外在的我们可能显得刚毅、坚定，但内在的自我却有柔软和脆弱的一面。毕竟，我们只是凡人而非神灵。要想顺利地度过一生，我们首先需要学会如何与自己和谐相处，如何在享受时刻保持清醒，在失落时刻不致沉沦。

人生就像一场不断探索的旅程，这个旅程是一个不断与自己对话、不断深入了解自我的过程。这个过程可以划分为三个层次：阅己，越己，悦己。

第一个层次：阅己。

阅己，就是要深入了解自己，明确自己的喜好、能力和目标，知道自己的来路和归宿。当我们对自己的了解达到一定程度时，内外的自我将逐渐融合，人生也会因此更加顺畅。

然而，大多数人都会在人生的某个阶段经历迷茫和彷徨。这既是因为成长是一个渐进的过程，我们在克服迷茫中不断前进；也是因为我们的自我认知需要不断提升。

按理说，最了解自己的人应该是自己。然而人心复杂多变，人性亦是如此。因此，我们一生都在不断探寻本我、认知自我，并从内心深处挖掘新的力量。

了解自己需要用一个相对客观且全面的视角来审视自己。在做事和与人相处时，我们当然要认真扮演好自己的角色，但除此之外，我们也应成为自己人生的观察者，审慎地看待自己到底是一个怎样的人。

很多人对自己的认知与真实的自我存在差距。一些潜意识的行为和下意识的反应可能会打破我们对自己的固有认知，而这一点非常重要。或许我们一生都无法完全了解自己，但我们可以不断接近自己的本质。随着我们对自己的了解逐渐加深，我们将能够更加从容地面对生活的挑战。

第二个层次：越己。

越己，则意味着要勇于挑战自我，在原有的基础上不断创新、不断突破。过去的陈旧观念和曾经的辉煌成就都应抛诸脑后，因为前方还有更多未知等待我们去探索和征服。

越己并非易事，但其价值无法估量。想要超越自己是一项艰巨的任务，因为当我们将自己视为对手时，很容易丧失斗志。我们容易被各种诱惑吸引，在面对困难和挑战时容易选择放弃。

然而，我们仍需努力变得更好，努力超越自己，因为这是一件值得去做的事情。或许躺平生活能让我们轻松一时，但在夜深人静时扪心自问：你真的满足于此吗？

人生短暂，我们可能没有太多机会去超越自己，但仍要勇于尝试。因为当你战胜过去的自己，为生活赋予全新意义时，你会发现自己已经迈入了一个更高的人生境界。

第三个层次：悦己。

悦己，则强调人生的快乐和满足感。除了生存之外，更重要的是追求内心的快乐。如果我们能快乐地生活，面对困难和挫折能够积极调整心态，面对挑战和磨难能够勇往直前，那么我们就拥有了更多幸福的权利。许多人在追求幸福的道路上历经艰辛，积累了大量负面情绪，最终被这些情绪压垮。这并不是因为他们不够执着或不够努力，而是因为他们没有意识到追求幸福本身也应该是一种快乐的过程。

我们辛苦一生，努力奋斗的目的究竟是为了什么？是为了超越他人的财富吗？还是为了让自己的子孙后代比别人的更优秀？抑或是为了更多地领略这个世界的丰富多彩？

在我看来，我们的终极目标是追求快乐、追求身心的愉悦和人生的酣畅淋漓。因此无论你在做什么，无论你处于何种状态之中，都要保持积极向上的心态，多去发现生活中的美好。即使在最艰难的时刻，也要想方设法让自己快乐起来。

【转念心法】

美国电影编剧、导演伍迪·艾伦说："欣赏和喜欢你拥有的东西，而不是你没有的东西，你才能快乐。"

太宰治在《小说灯笼》里写道："日子只能一天一天好好地过，别无他法。别烦恼明天的事，明天的烦恼让明天去烦吧！我只想开心、努力、温柔待人地过完今天一天。"

其实，很多时候生活似乎对我们不是很友好，但每个人都有自己寻找快乐的独特方式。

或许，你曾感叹身上的肉肉总是顽固地存在，瘦的时候一点点减少，胖的时候却迅速增加。或许，在检票口排队时，你总会发现，自己选择的队伍似乎总是最慢的那一支。这些小小的烦恼，如同生活中的调味料，虽然有时会让人感到无奈，却也增添了生活的滋味。

当面对航班被取消的恶耗时，我们或许会感到沮丧。然而，生活从未有过完美的剧本，快乐也不会凭空降临。多数时候，快乐的秘诀就在于我们是否愿意主动去选择它。正如智者所言，我们应该学会欣赏和喜欢我们所拥有的，这样快乐就会自然而然地涌现。

有些东西，或许很容易就能得到，而有些东西，即使我们竭尽全力也难以触及。然而，生活中的快乐并不仅仅取决于我们拥有什么，更在于我们如何看待所拥有的。当我们学会放下执念，以平和的心态去面对生活的得失，我们就能在平凡的日子里找到不平凡的快乐。

曾经，我遇到过一个读者，她的故事让我深感人生的无常与苦涩。然而，在倾诉过后，她选择以积极的态度去面对生活的不幸。她给我寄来了美味的洋芋，让我感受到了生活中的小确幸。当我将这些洋芋种进地里，看着它们破土而出，茁壮成长，我的内心充满了喜悦与期待。

这一刻我发现，原来快乐不是生活的赠品，更不是天外来物，而是内心的力量，是我们选择以什么念头去面对生活的结果。

建立稳定内核：既往不恋，当下不杂，未来不迎

人一旦品尝过快乐的果实，正心正念便会在心中生根发芽，从而逐渐建立起稳定的内核。这种稳定的内核，就像一颗坚实的锚，无论外界风浪多大，都能让人保持平稳的心态，不轻易被撼动。同时，也越来越能领悟，真正的快乐并非来自外界的物质或成就，而是源于内心的平静和满足。这种领悟会让人更加珍视内心的正念，并以此为基础，构建起坚不可摧的内心堡垒，成为生活中的强者，这也是正向生活、正向人生的开始。

但在成长的过程中，很多人因为遭受来自社会、家庭的否定、批评和打击，奋发向上的热情慢慢减少，逐渐丧失了信心和勇气，对失败惶恐不安，变得懦弱、自卑、害怕承担责任且不思进取。事实上，他们不是输给了外界压力，人生的许多困

扰往往与“过去”紧密相连，那些已经发生的事情时常在我们的思绪中徘徊，使得我们难以得到真正的安宁。有时，我们会怀念那些美好的瞬间，思念某些人、某些事；而有时，痛苦、委屈的过往又会让我们恨不得能一键删除那段记忆。

生活中，总有些人我们再也不愿遇见，有些事我们再也不愿经历。但无论我们如何努力避免，过去的记忆总是如影随形，甚至越是想要逃离，它们越是紧紧纠缠。

“既往不恋，当下不杂，未来不迎”，这 12 个字蕴含着深厚的哲理，然而真正能做到的人寥寥无几。

放下包袱，挣脱内心的牢笼

曾有一位少女，因意外伤人锒铛入狱。尽管后来获得自由，但内心的痛苦却如影随形，于是她踏入教堂，祈求神明的慰藉。牧师注意到了她眼中的哀伤，轻声询问其缘由。她哽咽地叙述了自己的经历，言语中充满了无尽的痛苦。

听完她的述说，牧师深情地望着她，缓缓道：“孩子，其实你是自己选择了牢笼。”

少女惊愕地抬起头，“您说什么？我怎么可能自己选择坐牢呢?”

牧师平和地解释:“虽然你的身体已经离开了那座监狱,但你的心,却仍然自愿被关在牢里。你改变不了外在的环境,但你可以调整自己的内心;你无法改变既定的事实,但你可以改变自己的态度;过去的事情无法挽回,但你可以把握现在,重塑未来。”

在人生的旅途中,最难以攻克的并非那些坚固的城堡,而是我们为自己构建的“心理牢笼”。

许多人的悲哀并非源于命运的不公,而是因为他们为自己设定了太多的限制和框架。这些束缚限制了他们的想象力和勇气,使他们迷失了前行的方向和人生的追求。当你勇敢地冲破自己编织的“心理牢笼”,以更宽广的视野和更豁达的心态去面对生活,你将会发现一个全新的世界。

晚清名臣曾国藩在探讨为人处世与修身养性之道时,也曾提及此理念:

读书时便全心读书,不念及会客之事;会客时则全心会客,不思读书。一旦分心,便生私念。唯有保持心灵明澈,不执着于任何事物,才能顺应自然、不迎未来、不杂当下、不恋过去。

这便是所谓的虚心，也是所谓的诚意。

曾国藩所强调的是一种全神贯注、心无旁骛的生活态度，真正活在当下的境界。这也是他能够日理万机的重要原因。对于许多人而言，身居高位或许令人羡慕，然而真正身处其中，才知道内心的苦楚。

想象一下，当你面对一个问题时，心里却还牵挂着之前的问题，那么两个问题都难以得到妥善解决。这样，你便会被问题牵制，永远无法解脱。

近年来，我也开始有意识地锻炼自己“既往不恋”的能力。在这个过程中，我深刻体会到了“知行合一”的难度。但是，知道是一回事，真正做到又是另一回事。

每当过去的回忆涌上心头，我都会反复提醒自己“既往不恋”，努力将过去的种种视为昨日之事，不再留恋。然而，这并非易事。在睡觉、吃饭、走路时，过去的影子总是挥之不去。正因如此，我们更需努力践行曾国藩所说的“灵明无着，物来顺应，未来不迎，当时不杂，既过不恋”。只有当我们逐渐放下心中的包袱，才能感受到生活的轻松与自由，不再像是被囚禁在牢笼之中，逐渐拥有稳定的内核。

【转念心法】

《无声告白》一书中有这样一段话："我们终此一生，就是要摆脱他人的期待，找到真正的自己。"真正的内核稳定，大抵就是如此。

要想内核稳固，情绪的稳定至关重要。那些能够看淡外界评价，尤其是对他人的否定与伤害保持钝感的人，往往能更好地保持情绪稳定。

以演员段奕宏为例，他的演艺之路并非一帆风顺，但他身上的"钝感力"却让他在面对挫折时始终能保持坚定。他曾三次复读才考入中戏，其间甚至被主考官直言不讳地评价"退一万步你都考不上"，然而他并未因此受挫，反而将这样的经历视为激励。在大学期间，尽管面临种种嘲讽，他依然坚持自我，不断磨炼演技，最终赢得了广泛的认可。他的这种"钝感力"，实际上是一种心性的锤炼，使他在面对外界的风风雨雨时，始终能保持内心的稳定与坚韧。

此外，稳固的内核离不开稳定的精神世界。那些拥有充盈精神世界的人，身上总是散发出一种松弛感，他们不会给自己过多的压力，而是允许生活中的一切自然发生。他们不会因为他人的标准而痛苦，也不会因为自己的节奏与他人不同而难受。这种从容的态度，使他们的内核始终保持稳定。

朋友甄芯曾在一所“985”高校就读一个不喜欢的专业，但为了追求所谓的“厉害”，她努力去做好自己不擅长的事情。然而，这种违背本心的努力并未带给她快乐，直到她选择换专业考研。虽然第一次考研未能如愿，但她却感到了一种释然。在第二次考研时，她根据自己的内心选择了一所普通高校，并成功上岸。这一过程中，她学会了允许一切自然发生，不再强迫自己符合他人的标准。这种从容的态度不仅让她的精神世界变得更为充盈，也让她找到了自己喜欢的生活方式和人生状态。

演员吴越曾说：“允许一切发生，你就会变成一个柔软、放松的人。”这实际上是一种精神世界的从容。后来，我开始观察身边形形色色的人。有些人总是显得焦躁不安，无论是言语还是举止，都充满了混乱与争执，仿佛置身于喧闹的市集之中。然而，另一些人则截然不同，他们言语温和，面容宁静，内心从容不迫，他们不会因短暂的得失而忧愁，不会为他人的议论而彷徨，更不会因一时的挫折而沮丧。愿我们都能铸就坚定的内心，成为更加坚韧不拔的自己，继续踏歌前行。

穿越世间无常，在黑暗中踏歌前行

人在行走时，需要保持极大的专注与探索的勇气。徒步如此，做事也一样。有时走着走着，我们穿梭在一片迷雾森林，仿佛身陷黑暗之中，饱受世间的无常与纷扰。然而，黑暗并非永恒的，它只是一个过程，一个磨砺我们意志的过程。

有时候，面对看似艰巨无比、难以逾越的挑战和抵挡不了的远方，只要我们稍作坚持，就能窥见胜利的曙光，发现新的道路。我们或许会有脆弱的时候，这种脆弱源于对世界万物的深度感触，对人世间悲欢离合的怅然若失。然而，转念之后，我们也可以足够坚强，即使在黑夜中跌跌撞撞，也会不知疲倦地前行，直至黎明的曙光升起。

经历世间的变化与生灭，方能洞察内心本性

随着时间的推移，我们逐渐发现，生活中真正需要的东西其实并不多。我们逐渐舍弃、转赠、遗留，或者捐赠掉那些不再重要的东西，仅留下必需的居所，以安顿身体和心灵。当一切在“断舍离”后化为乌有，人依然能够自我支撑的，往往是那些美好的回忆和生活的信念。

电影《走出非洲》中的一句台词深深触动了我：“我无法支撑时，会想起我们在河边的营地以及伯克莱第一次带我飞行，这些往事多美好，当情况恶劣到我认为……当我确定再也撑不下去了……再多撑片刻，我就知道我能承受任何事了。”

一个人的内心可以既脆弱又坚强，这种复杂性往往超乎人们的想象。就像是在孤寂的夜晚独自前行，面对周围的荒凉和寂静，需要强大的精神支撑来滋养灵魂，从而鼓起勇气继续前行。当我们走过了一段路，回首过去，所有的风雨和变迁都已成为我们内心丰富的养分和力量的源泉。我们如何看待爱与痛苦，完全取决于我们如何接纳和体会生活中的温暖与美好。那些无数的瞬间和细节，如同电影中的长镜头，捕捉着我们的怅惘与幸福。而我们选择以何种方式去凝视这些经历，沉默、感

恩还是泪水，将决定我们重新审视生活和世界的态度。

在电影中，在离开肯尼亚庄园之前，凯伦将有形的财物都变卖了，仅带走了恋人丹尼斯的几本书。此前，她总是自豪地说："我有农场，我有珠宝，我有我的肯尼亚人。"然而，当她面对空荡荡的房子时，她说道："我不需要华丽的水晶瓷器，不需要虚伪的文明，也不需要那么多的执着。"

在那一刻，她不仅清理了有形的物质负担，还放下了内心深处的许多念头和哀伤。世间的变化无常和苦难都是生活的常态，而这些经历也带来了她精神和意志的重塑和提升。

当一个人能够坦然面对苦难，并将其与时间相融合，既不逃避也不自怜时，他才能从内心深处真正汲取力量。这种力量包括对爱的诠释、对孤独的接纳以及对慈悲的回应。这些力量就像是一个人独自翻山越岭、穿越荆棘和丛林的动力源泉，一切只为了一睹花朵的温柔、云朵的流动和大海的浩渺。虽然日月漫长、天地宽广，但人世间的事情往往难以两全其美。

这样的觉醒和转变并不容易实现，但它确实是对一个人在经历黑暗和冰冷之后如何重生以及如何诠释生活的考验。

在黑暗中，带着希望与光去生活

一个人如果没有独自穿越过黑夜，没有在茫茫大海边孤独地聆听过海浪的呼啸，那么他可能很难真正领略寂静的深远和光明的珍贵。人终究需要在不断的经历中锤炼心智，提升感知，使我们的心灵更加丰富，足以包容万物。

当生命如烟火般瞬间绽放，冲向高空，然后又在一瞬间化为灰烬，那些独自观望的人，既面对过黑暗，也被璀璨的光芒照亮过。他们带着黑暗与光明的记忆，对美好和痛苦都保持敬畏，对失去和得到都保持信念，因此他们有勇气转身，负重前行，即使步伐轻微。

生命中的千变万化，许多都无法由我们完全掌控。有些人历经艰辛，一步一个脚印，最终走向光明。这样的旅程，不仅增加了他们的年龄，更促进了他们心智的成熟和稳定。他们在行走中耗尽身心，也赢得了命运的青睐，他们从内到外的成长，就像山野中的花朵即使历经风霜雨露，也依然从容生长。这种力量，可能源于早期培养的坚强意志，也可能是后期觉醒的智慧，或者是自身具备的沉稳气质，让他们能在独处中找到释怀和支撑。

然而，有些人一生都无法借助黑暗积蓄新的力量和光明，无法独自走出新的天地。他们耗尽光阴，却无法从经历中汲取养分，也无法回报曾经的好意和恩惠。最终，他们的生命只剩下空虚和困苦。这不仅仅是苦痛本身的问题，更是对生活的麻木，对自身的放纵，对生命圆满的不尊重。

在人生的衰老过程中，我们除了培养面对黑暗的能力外，更应该学会在黑暗中点燃灯火。苦难和黑夜并非个人独有，这是人类生活的一部分，是我们共同的经历。对其有所察觉可以带来巨大的理解，而不是去过度思考或评判它。每一种情感都带有觉醒的特质，这使我们能够欣赏任何的经验。

其中，我对“每一种情感都带有觉醒的特质”这句话的理解是，不论我们是否愿意，都必须接受这个充满变化的世界，生活领域的万千因缘都存在着不确定性，一切和合都带有无常的特质。那么多的沮丧、无力、苦难看似无穷无尽……但正是这些存在，无形中激发了我们内在的勇气、信念和悲悯，引领我们走向平和、宽恕和优雅，让我们保持敬畏，不失热爱，带着光去生活。

“诸行无常，是生灭法。”既然万物皆是无常，那么所有的美好都终将凋零；而那些看似不幸的事物，也许只是转瞬即逝的幻象。人们必须经历无常与生死，体验爱与痛苦，才能更深入地理解世界与内心的本质；也唯有如此，我们才有可能回归内心的本真，达到内心的恒常。

这一切的理解，都建立在独自面对和长途跋涉后的艰辛与洞见之上。这条路并无捷径可寻，同时，它也不应成为我们逃避现实生活的借口。

世间所遭遇的苦难与无常，都蕴含着某种难以言明的意义。它们会最大程度地引导我们打开心扉，连接爱、同情与慈悲。同时，这些经历也赋予我们如掘井般深挖、如播种般培育的毅力与信念，从而激发出我们更为强大的意志与创造力。

生灭轮回，步履不停。

【转念心法】

曾记得几年前，我和一行友人翻山越岭，走过一段又一段的旅程。丛林、山峦、岛屿、礁石，还有阳光、沙滩与大海的交融，构成了我们时光与旅程的画卷。在那段蜿蜒曲折的路上，我们见证了枯藤老树缠绕的陡坡、形态各异的岩石、陡峭险峻的山峰。

无论是在蜿蜒的山野还是广袤的荒芜大地，在自然的怀抱中长途跋涉，我们总能感受到一股向上、无形的力量，它激励着我们勇往直前，引领我们到达心中的彼岸。

然而，没有哪条攀登之路是轻而易举的，同样，也不存在一帆风顺的人生旅途。每当世界在我眼前崩塌，黑暗的思绪涌上心头，我便会离家漫步于林间五分钟，给思维一个转换的空间与时间。面对生活中的种种变化，我们无须颠倒迷乱，也无须惊慌失措，只需沿着各自的生命轨迹，去翻越我们自己心中的那座高山。

不论你身在何方，年龄几许，身份如何，都能记得来时的路，明确前行的方向；都能在无常的世界里，为精神找到一个可以延伸与落地的空间。

坚持长期主义，点燃光芒万丈

本书开篇讲到，运气不好的时候，就试试勇气，正视问题本身，转变看待问题的视角。如果这样的“转念”使你渐渐成了“幸运的人”，其实这也是你自己的功劳。那么，在本书的最后，我们不妨回过头再看曾经的自己，究竟是什么把当初的我们拖向不幸的深渊，而又是什么扭转了局面？

是运气吗？

人有时的确需要一点运气，才能心想事成。在尘世中，无论是小小的成就还是伟大的壮举，天赋与才华是一方面，但后天的勤奋和那一抹难以捉摸的运气，同样是个体能否发光发热的重要元素。想起邻居家的一个小男孩，几年前曾带着他的画作参加了比赛。在堆积如山的作品中，几位评委需要用他们的火眼金睛筛选出优胜者。由于每个人的审美和看法各异，最终小男孩能够从中脱颖而出，确实有运气的成分。

但所谓运气，不过是在某个很长的时间段里无法被看见，而又在某个特定的时间里灵光乍现的东西。正如作家费兰特所言:“有一种更神秘的东西会在不知不觉中介入进来，它会以一种让人惊异的方式，作用于天生的兴趣和后天的培养，这就是运气。”她进一步提到，有些人可能一生自律，运用智慧与才华构建自己的世界，但缺少了那一次质的飞跃，而运气，往往就是那关键的一跃。可见，天赋并非万能，它还不足以点燃现实中的光芒万丈。

对于我们普通人而言，很多时候运气更像是一阵风，在某个时刻悄然而至，让我们如同展翅的雄鹰飞向更广阔的天空，看到更为壮丽的风景。但在这阵风过后，我们是否能够持之以恒，是否能够在平凡的日子里一如既往地散发光芒，这可就难说了。所以，一个人最应该警惕的，不是过于自负，而是应认识到自己的美丽与天赋，并愿意投入时间与精力去深耕，不被外界干扰，始终坚守自己的目标与初心。这才是对天赋的最大尊重与赞美。

做人要做长期主义的人，才足以迎接人生的高光时刻

命运和时运共同支撑着我们的人生，为我们带来某些闪耀的时刻。但我们必须明白，这些都不是我们可以完全掌控的。

在很多情况下，单纯的努力和天赋可能并不足以让我们脱颖而出，但运气的到来往往能为我们带来新的机遇。然而，在期待运气之前，我们首先应该审视自己：我们的付出和努力是否真的足够？当权和利来临时，我们是否有足够的智慧和德行来匹配并承担这一切？

或许，我们有时因缺乏一丝运气，而未能取得梦寐以求的成就，但这绝不意味着我们的努力白费。撒播希望之种的力量，始终掌握在我们自己手中。我们不应过度依赖运气，期待它能偶然将我们推向人生巅峰。更重要的是，我们不能以此为借口，滋生懒惰，把付出后没有立即获得回报归咎于命运不佳、运气不顺，甚至抱怨自己总是倒霉。这种自我麻痹和怀才不遇的怨念，实际上是对自身天赋和才华的否定，只会阻碍我们的成长。做人要做长期主义的人。只有秉持长期主义的理念，才能在人生的道路上不断前行，迎接那些真正属于自己的高光时刻。

得到 App 创始人罗振宇说：“持续、长期地守住目标，你

就能成为时间的朋友。”而这种模式就叫作“长期主义”。

在这个数字化的年代，无论是在餐厅的餐桌上、机场的候机区，还是在飞驰的列车里，我们总能发现人们沉浸在手机的虚拟世界中，仿佛与外界隔绝。

为何如此多的人对手机游戏如此着迷，仿佛无法自拔？我的一个朋友也是游戏的热衷者，他曾告诉我：“你不体验，就永远不会理解。游戏中的那种紧张刺激、胜利与失败的交织，以及那种跌宕起伏的体验，能在极短的时间内给予你巨大的满足感和掌控感，这是现实生活中难以找到的。”

再如，大家更能感同身受的例子便是“刷短视频”。这些短视频平台凭借先进的算法，能够精准地为用户推送他们感兴趣的内容。你是否有这样的感受：你永远不知道下一个视频会是什么，但它总能戳中你的兴趣点，让你欲罢不能。其实，这些都是巧妙地利用了人们追求“即时满足”的心理。

然而，有些事情却需要长时间的积累和沉淀，比如阅读。

当你独自坐在灯光下，手捧一本书，那种孤独和宁静是独一无二的。阅读，需要耐心和细致，它不会立刻给你带来明显的改变，但长期来看，却能够滋养你的心灵，丰富你的内涵。

如同历史上的大学者，他们能够摒弃尘世的纷扰，专心研学，这种对知识的追求和坚持，是值得我们学习的。

我坚信长期主义的价值。对我而言，长期主义意味着在更长的时间维度上持续积累，不断努力，坚持做那些正确且有挑战性的事情。

以我自己的经历为例，我一直热爱书法。书法不仅仅是写字，更是一种艺术的传承。为了真正掌握书法的精髓，我选择了最传统也最枯燥的方式——临帖。每天无论多忙，我都会坚持完成我的“日课”——临写两页字帖。这个过程既枯燥又漫长，但却让我逐渐领悟到书法的真谛。随着时间的推移，我从最初的痛苦难熬，发展到现在的习以为常。每次出差，我都会带上笔墨纸砚，确保不落下一次练习。这种持续的努力和坚持，就像是一个不断转动的飞轮，推动我不断前进，不断突破。

如尼采所说：“在没有听到音乐的人眼里，那些跳舞的人都疯了。”同样，对于一个长期主义者来说，我们的努力和坚持，可能在外人看来难以理解。但我们总能听见远方的召唤，其如同澎湃的交响乐。

远方，虽千万人，吾往矣。

【转念心法】

有句话说得好："只管耕耘，不问收获。"在人生的长河中，短期内的得失往往只是过眼云烟，而真正的成就和满足感来自长期、持续的努力和坚持。做一个长期主义的人，意味着拥有远见、耐心和毅力，不为一时的波动所动摇，始终坚定地朝着目标前进。

长期主义的人深知时间的价值，懂得"时间是最好的朋友，也是最大的敌人"。他们愿意投入时间和精力去深耕某一领域，不断提升自己，而不是急功近利，追求短期的回报。这样的人，在时间的磨砺下，会逐渐显露出他们的才华和实力，最终迎来人生的高光时刻。

同时，长期主义的人还具备一种难得的品质——延迟满足。他们懂得"先苦后甜"的道理，愿意为了更长远的利益而暂时放弃眼前的诱惑。这种自律和自控力，让他们在人生的道路上走得更远、更稳。

有生之年，不凡此生

在生活的道路上，我们时常需要停下脚步，回望过去的路，以更好地理解现在、规划未来。但真正理解生活的意义，并非仅仅靠回望，更需要我们勇敢地大步向前，探索未知，拥抱变化。正如索伦·克尔凯戈尔所言：“要理解生活，你只能回头看；而要生活得更好，你只能大步向前。”

然而，在人生的岔路口，究竟是向左走还是向右走，这不仅仅是一次抉择那么简单。

在撰写《转念力》这本书的过程中，我深刻体会到转念之间的力量。一个小小的念头转变，往往能引发人生轨迹的巨大变化。这不仅仅是一种内在的觉醒，更是一种对生活的深刻领悟。创作期间，在与一位朋友的交谈中，我深受启发。他历经生活的风风雨雨，但始终保持着对生活的热爱和对未来的憧憬。他的脸上没有沧桑，没有对过往的怨恨，只有对未来的期许和对生活的珍视。他教会我，无论生活给予我们什么，对我们来说都是一次修炼和成长的机会。

为此，书中的内容皆是我多年来对生活的观察、思考和体验的结晶。我尝试通过文字，将那些看似微不足道却足以改变人生的转念时刻记录下来，希望能给读者带来一些启发和共鸣。

如此说来，写作对我来说，既是一种疗愈的方式，也是一种自我救赎的过程。在记录人生经历和过往心绪的过程中，我仿佛重新经历了那些或喜或悲的时刻，也更加坚定了活着的意义和价值。几年前，我曾以为笔会停下，思绪会沉寂。然而，文字与我有种不解之缘，它们似乎在召唤我，让我继续书写人生的篇章。机缘巧合之下，我重拾笔墨，于是有了《转念力》这本书。书中的每一篇文字，都如同新生的生命，它们承载着我对世界的感知、对生活的思考。有人说，写作如同建房，需要搭建骨架，填充内容，最终呈现出一个完整的生命体。而我更愿意将写作看作一种生命的脉象，它跳动着，呼吸着，展现着写作者内心的世界。

虽然我从不认为自己是专业的写作者，但写作已成为我生活的一部分。岁月流转，笔墨未停。我书写，因为我思考，因为我有话要说。如果写得尚好，那是上天的恩赐；如果停下，那是因为我害怕自己的文字配不上曾经的经历与思考。

写作时，正值2024年的新年假期，北京的几场大雪让我有了更多的沉思时间。屋外风雪交加，屋内却温暖如春，这种对比让我更加珍惜眼前的时光和所拥有的一切。书中的文字，如同那散发清香的花朵，让我在喧嚣的人世中找到了一丝宁静和慰藉。

生命是脆弱的，但也是顽强和蓬勃的。在生活的周而复始中，我学会了如何面对挑战，如何为自己的生活作出选择，并始终坚定地向前走。这本书，就是我对生活的一份献礼，也是我对未来的一份期许。书中的每一个字、每一句话，都源自内心的真实感受。我从未对这本书有过功利的期望，它只是我生命旅程中的一部分，是对我经历和时间的见证。

回首过去，一切仿佛就在昨天。所有的人世历练都是我成长的养分，它们被我全然吸收与消化，成为我笔下的故事。那些曾经的伤痛和困苦，如同掌印般深深烙印在我的心中。然而，正是这些经历让我更加珍惜现在，让我更加坚定地向前走。在写作的过程中，我感受到了光的力量，它投射在我心中，带给我温暖和希望。

同时，我也要感谢那些给予我善意和鼓励的读者们。在这个浮躁的时代，他们是那些能够安住内心、丰盈心灵的人。我们彼此照见，共同前行。他们的存在让我感到温暖，也让我更加坚定地走在写作的道路上。

清晰记得，在撰写本书的最后阶段，从黎明破晓到夜幕降临，房间里只有键盘敲击声回荡，静谧而和谐。当我书写这篇后记时，正是春意盎然之际。窗外傍晚的景色温柔而宁静，云霞轻轻流转，我的心也随之变得柔软而平静。院中的花瓣随风轻轻飘落，每一朵都找到了它的归宿。而在这书写的旅程中，我也渐渐找到了自己心灵的定位，日渐明朗与纯净。

“莫怨春归早，花余几点红。留将根蒂在，岁岁有东风。”这是清代诗人翁格的诗句，引人深思，让人更加清醒。世间的美好总是短暂易逝，然而我们对万物的希望与信心却永恒不灭。人生亦是如此。人的一生最终能留下的，除了精神与经历，其他都将化为过眼云烟。正如谢丽尔·桑德伯格所言：“人生的价值并不在于你的设想，而在于你的实现。”我深信，只有经历过风雨洗礼、时光磨砺的人生，才能最终绽放出耀眼的光芒。

愿我们所经历的一切，都能成为滋养我们成长与善良的源泉。

愿我们的生命，无论遭遇多少悲伤与变迁，都能保持创造、奉献与无私的心灵。

愿我们所选择与完成的一切，都能成为对他人的祝福与恩赐。

愿每一位读者朋友在阅读本书的过程中，都能找到自己的转念时刻，从而开启新的人生篇章。

愿你我，在有生之年，不凡此生。

转念能量语——好运气是自己吸引来的

在生活的长河中，我们每个人都是一名航海者，驾驶着自己的命运之船，在波涛汹涌的大海中前行。风浪是挑战，也是成长的必经之路，而转角，往往就是希望的开始。

“转念”，一个简单的词汇，却蕴含着无穷的力量。它不仅仅意味着思维的转变，更代表着一种积极面对生活的态度。当我们学会转念，就能从困境中看到希望，从挑战中发现机遇。

在本书中，我们一同探索了转念的力量，分享了如何通过积极的思维转变，吸引更多的好运气和正能量。根据吸引力法则，我们所关注的事物、我们的思想和情感，都会像磁铁一样，吸引着相同频率的能量和事件进入我们的生活。在这个意义上，“好运气”并不是一种随机的、不可预测的恩赐，而是我们自身态度和努力的反映。因此，当我们谈论好运气时，实际上是在谈论我们如何通过自身的思想和行为，吸引来那些积极、正面的结果。

接下来的附录部分，为您汇总了一系列转念语录，这些语录是智慧的结晶，也是实践的指南。希望它们能在日常生活中启发你的思考方式，帮助你在生活中更好地运用这些智慧，从而吸引来更多的好运气，迎接属于自己的美好未来！

1. 当身体超出能量负荷，低落的情绪就会袭来。但这或许是身体在提醒我们：要适时休息，调整步伐。通过深呼吸与冥想，我们可以平复情绪，避免伤害自己和他人，让内心重回平静与和谐。

2. 拥有高度的情绪调控力，代表着内心的稳定与坚韧。然而，这份力量并非无代价：它需要我们学会适时放下，不被世俗定义束缚，尽力做好自己能做的，倾听内心的声音，与身体保持紧密的联结，并向大自然汲取治愈的力量。而那些借酒消愁、逃避现实、盲目从众，以及自欺欺人、自伤伤人的行为，并非真正的解决之道。

3. 在纷繁复杂的尘世中打拼，我们时常陷入一种幻觉：以为那些梦寐以求的所得能带来长久的快乐。然而，最终我们却发现，这些所得也可能成为诱捕我们的陷阱，甚至反噬我们，带来难以言喻的痛苦。

4. 提升自我认知、拓宽视野并重建内心的核心系统，需要持续且精进的训练。但转念一想，这不正是我们成长的过程吗？每一次的突破与超越，都让我们成为更好的自己，离梦想更近一步。

5. 世间所得，一旦沦为炫耀之资，便容易使自我陷入另一种迷境，那是自我幻觉所编织的长久苦痛。只有做到荣辱不惊，我们才能眺望到更加辽阔无垠的世界。

6. 我理解的朴素，是那种深藏不露的谦卑与温善，是不忘初心、铭记来路，同时摒弃一切优越感，持之以恒地追求精进。

7. 你现在的模样，是过去无数经历的叠加与积淀，也将是你未来成果的真实写照。

8. 努力是向外的追求，而精进则是向内的超越。当努力到达一定境界，便需要精进来引领我们走向更高远的地方。

9. 生命是一个复杂的和合现象，所得的一切都不仅是努力的结果，还有命运的眷顾和前世的福德。认清这一点，我们或许能更少迷失。有些迷失是自我沉沦于幻觉而不愿醒来；有些则是自暴自弃，与惰性和内心的躁动纠缠不清。

10. 只有见识过不同生命的苦难，理解其背后的障碍，并认清自我，我们才能真正从内心生发出平等与慈悲。

11. 我如同宇宙中的一粒尘埃般渺小。在这虚空中存在又消失，与众生共悲喜。我站在时间的尽头看世间纷扰随风而逝。转身之际幸有光明与大地相伴，希望它们能照亮更多的黑暗并映射出更多的爱与宽恕。

12. 人生的每一步行走，都是在悲喜得失中领悟并践行至善，探寻生命的圆满。

13. 人在世间，应尽自己的社会责任，如此，当生命终结时，方能心安理得，无愧于心。

14. 对世间万物保持善意，始终怀揣希望，即使身处困境，即使前路荆棘密布。只要心中留有花香，就无惧漫长旅途的艰辛。

15. 过去与现在，都充满了温柔与成全。时光是流转的界限，成长是人生的分水岭。云淡风轻的背后，是心力与身体的承担、背负与燃烧。

16. 在这个纷繁复杂的世界里，让我们依靠内心的喜爱去作出选择。不为表象所迷惑，不为外界言论所动摇，更不为短暂利益而敷衍自己。

17. 在面临重大抉择时，环境与人的影响至关重要。要依靠内心的敏感、正直的念头与觉知去判断。这需要我们保持克制与冷静，更需要胆识与智慧的指引。

18. 那些肩负使命的人，往往天赋异禀，他们无须过多筹谋，便能实现心中所想，即使周围充满诱惑与挑战，也能得到众多善缘的庇护。然而，他们并不会因此而沾沾自喜，同时，他们也需要承受使命带来的苦难与磨砺。

19. 当一件事情尘埃落定，我们是否全心投入、竭尽全力，往往一目了然。

20. 在复杂的世界中修炼自我，在日常生活的点滴中磨砺心性，这才是对智慧与定力的真正考验。无须隐居山林，远离人世喧嚣，生活本身就是最好的修道场。

21. 那些试图通过投机取巧、寻找捷径，甚至扭曲心灵来谋求一己私利的人，即使最终获得权力和财富，也可能面临被反噬的风险。相反，那些以恒心追求物质满足，并致力于践行信念与追求的人，他们自觉觉他、自利利人、度人度己，这才是真正富足、丰盈、守正的人生。

22. 在充满尔虞我诈、贪欲凉薄的世界里，许多人因为习惯了怀疑而失去了对美好的信任。这与其说是社会的病态，不如说是我们自我习性的固化。只有当我们放下防备，才能真正靠近善与美。很多时候，我们因为不相信自己配得上美好，也会怀疑他人的美好。

23. 让我们保持觉知，将意念融入生活的每一个瞬间。专注地做事，毫无保留地去信任和爱人，从中汲取滋养与喜悦。

24. 人类的最终归宿，或许是在追寻自性的道路上，抵达觉醒与记忆的源头。在那里，我们体验到合一与万物一体的境界。

25. 无论我们走过多少路程，都不要忘记最初出发的原因。在赶路的同时，也要珍惜途中的善缘与助缘。人生这趟旅程不求完美无缺，但求完整无憾。

26. 所有通过努力和外界帮助获得的成就，都是命运的馈赠。我始终谦逊地存在于这个世界，如同尘埃一般微小而真实。

27. 那些看似微不足道却真实存在的事情，需要我们以长远且坚韧的态度去践行。不左顾右盼，不退缩逃避，不抱有任何侥幸心理，更不依赖他人的救赎，只有这样，我们才能收获生命的硕果。

28. 让你独自留在河边，是为了让你学会如何自我拯救。多年后你会发现，人的成长就像一条孤独的河流，我们在其中独自漂泊。然而，当河流渐行渐远，我们的心灵需要经历更多的历练。无论面临怎样的变幻与艰难，我们都应该拥有上岸的勇气和决心。

29. 我们之所以谨慎独处、寡言少语，是因为内心充满敬畏，不轻易消耗自己的内在能量。在人生的每个阶段，我们都应该记住，最终的福祉和归宿都将归于寂静与重生。

30. 当我们的心智和个体能量达到一定的境界时，许多人和事都会自然而然地被筛选和淘汰。这是时间和内在成长的必然显现。在面临万千障碍和无力感时，我们需要借助身体和心性的力量，匍匐前行。

31. 我并不认为人们需要竭尽全力去追求那些不属于自己或与自身能力不匹配的东西。然而，我们应该具备包容和承载的气度，肩负起超越自身年龄和心力的责任，以此踏上漫长的旅程。这样的经历将培养我们从容、淡定和自知的心灵。以这样的姿态去构建自身的力量，体验每个当下的丰富与荣耀，这种踏实而不失优雅的存在方式才是最珍贵和独特的。

32. 有些话题虽然古老而永恒，但并不常写。偶尔讨论起来，它们的本质和底层逻辑依然坚如磐石，而我们的心灵却已经历过无数的山川河流。我们的愿望变得更加广阔，智慧变得更加明晰。通过书写，我们审视内心，体验生命的消逝与重生。此生一趟，只要不辜负自己，便已是完整的人生。

33. 在温馨的屋檐下，记忆与遗忘交织，如同思绪穿越云层与风雪，而我们的目光始终保持着那份明亮与纯粹。

34. 前路虽然漫长，但秩序与美始终如一，不曾改变。你因此能够清晰地看见，命运在这里轻轻落下的痕迹。

35. 在成长的道路上，我们通过与他人的关系来修炼自己的内心，学会臣服于自然、淡泊名利、自知甘苦、坦然面对得失、洞察世间真相，从而成为真正的自己。

36. 烟火只有在划破黑夜、绽放在天空的那一刻，才能展现出它的美丽与绚烂。生命亦是如此，只有经历过挫折与困难，才能彰显出它的价值与意义。

37. 当夕阳余晖映照在山海之间，那壮丽的景色如同抚慰人心的良药。我们作为微小的个体，在与大自然的交融中感知、回应，心灵在不知不觉中已跨越万千难关。

38. 挥别昨日，我们告别了一段人生；把握今朝，我们成就了此生。

39. 未知如同昼夜交替，喜怒哀乐皆无常。

40. 在这个世界上，总有一些人代表着秩序与力量。他们无惧人生的沉浮、“江湖”的纷扰、大浪的搏击，总能巧妙地闯过险关。他们以自我为灯塔，以远方为标杆，勇往直前，无所畏惧。

41. 当我们心怀善意、积极向上时，就会吸引来正面的能量和好运气。

42. 每一天都是新的开始，用乐观的心态去迎接，你就会发现，好运气常常不期而遇。

43. 想要吸引好运气，就要先成为一个积极、能给人带来情绪价值的人。

44. 当你真心想要一样东西的时候，你身上散发出来的就是那种能量的振动频率，然后全宇宙就会联合起来帮助你得到你想要的东西。

45. 转变思维，就能转变人生。用积极的念头去替代消极的想法，你就会发现自己的世界变得更加美好。

46. 每一个转角都藏着新的机会，只要你愿意转弯，好运气就在下一个路口等你。

47. 好运气不是偶然，而是必然。当你做好自己，准备好迎接一切可能时，好运气自然会如期而至。

48. 梦想是远方的灯塔，指引我们前进的方向；信念是内心的力量，支撑我们走过风雨。无论路途多么遥远，无论挑战多么艰难，只要心中有梦，脚下有路，我们就能抵达理想的彼岸。

49. 人生就像一幅画卷，有明亮的色彩，也有阴暗的角落。但正是这些明暗交织的笔触，共同勾勒出一个完整且丰富多彩的世界。无论是顺境还是逆境，都是我们成长的必经之路。

50. 愿我们的每一个念头都清净无瑕，愿世间万物都能成为滋养我们生命的甘露。愿我们的每一份付出与努力，都能成为供奉心灵圆满的香火。愿那些曾经的黑暗时刻，转化为心性光明的见证与回忆。愿我们的心灵坚如磐石，道路宽广无垠。愿我们能够积聚更多的善缘，遇见更好的自己，以及那些温暖而美好的他人。